Introduction to **Geothermal Energy Engineering**

地熱工学入門

EHARA Sachio and NODA Tetsuro
江原幸雄・野田徹郎［著］

東京大学出版会

Introduction to Geothermal Energy Engineering
Sachio EHARA and Tetsuro NODA
University of Tokyo Press, 2014
ISBN978-4-13-062838-9

まえがき

　地熱エネルギーあるいは地熱発電ということばを最近よく聞くようになったと思います．直接のきっかけは 2011 年 3 月 11 日に発生したマグニチュード 9 の東北地方太平洋沖地震の発生とそれに誘発された巨大津波災害，さらにそれらに起因して生じた福島第一原発事故という大きな災害です．これによって，わが国はエネルギー政策を根本的に見直さなければならない状況になりました．遠くない将来，原子力発電に依存しなくてよい社会を目指すことは，ほとんど大部分の国民が賛成しています．そして，そのために，再生可能エネルギー利用を飛躍的に伸ばしていかなくてはならないことは国民すべての合意になっています．

　再生可能エネルギーによる発電と言えば，まず，太陽光発電や風力発電が思い浮かぶことでしょう．バイオマス発電や中小水力発電と並び，将来的に有望な再生可能エネルギーによる発電として，地熱発電が挙げられていることもよくご存じと思います．しかし，多くの方は，太陽光発電や風力発電に比べ，地熱発電への理解は少ないと言わざるをえません．これは地熱発電に関わる人たちが，十分な説明をしてこなかったことも 1 つの原因ですが，もっと大きな原因があります．多くの人にとって，太陽光発電や風力発電のしくみは自明のことであり，それを質問したりするようなことはありません．地熱発電はどうでしょうか．地熱発電の基になる地熱エネルギーは地球内部にあります．何かわかりにくそうです．どのように地熱エネルギーを地球内部から地上に取り出すのだろうか．そして，取り出した熱エネルギーをどのように発電に結び付けるのだろうか．このように地熱発電には，日常生活からかけ離れており，直感的にわかりにくい要素がたくさんあります．これらのことが，専門家が地熱発電を広く市民に語る機会をなくしてしまったのではないでしょうか．一方，大学でも，一部の大学を除いて，あまり教えられることはありませんでした．

　本書のタイトルにある「地熱工学」は，地球内部の熱を利用するための技術を

体系的に記した学問です．「地熱工学」は，地球内部の熱のありようを理学的に体系的に記した「地球熱学」の理解を基礎としています．そこで本書では，「地球熱学」に基づき，地球の熱に関する基礎を述べた後，その熱の利用に関する技術の体系，すなわち「地熱工学」について記すことにしました．地球が，あるいは地球の熱が存在しないのならば，「地熱工学」は存在しないからです．また，地球の熱を持続可能な状態で永続的に利用していくためには，個々の技術的な知識だけではなく，地球そのものの理解が必要であると考えるからです．

　上述したように，いわゆる 3.11 以降，われわれを取り巻くエネルギー事情が大きく変わってきました．地熱発電はごく一部の人が知っていればよい技術ではなくなりました．多くの市民も地熱発電に関心を持ち始めています．本書で述べるように，わが国は地熱資源に恵まれ，将来，地熱発電として有効に利用される可能性が大きくなっています．このようななかで，新たに地熱発電，さらに広く「地熱工学」に取り組む人が望まれています．本書は，そのような方が地熱エネルギーあるいは地熱発電に最初に取り組む教科書的な書籍として準備することにしました．もちろん，広く地熱エネルギーおよび地熱発電に関心のある，学生，技術者，市民の方々も視野に入れています．そして，それらの方々の中から，自ら，地熱発電をもっと深く学びたいと考える学生や若い技術者が，この「地熱工学」の分野に参加することを大いに期待しています．また地熱発電に興味をより強め，自ら地熱発電の理解者・ファンになっていただき，わが国の地熱発電の進展を支えて下さることを心から期待しています．

　なお，地熱工学では，コンピュータを使って地下での熱と水の流れを計算したり，室内で地下に似せた模型を作り，熱や水の流れ方の実験をしたりしますが，出発点は野外フィールドにおける観察や測定です．そこで，本書では，著者が実際体験したフィールドでの調査等の写真を掲載し，読者の方々に現実感を持っていただくように心がけました．どうぞ，それらの写真で実際のフィールドを思い浮かべながら本書を読み進んでください．

本書の構成

　本文に入る前に本書の構成を示します．本書の前半（第 1 章から第 3 章）では，地熱エネルギーを利用するために必要な「地下における熱と水の流れ」に関する基礎を学びます．ここでは，まず地球の構造や動きの問題を含め，地球全体の熱的な問題を理解することを目的としています．そして，さらに焦点を絞り，火山における熱の問題に注目するとともに，そこで現実に発生している

熱と水の流れ，すなわち熱水系についての理解を深めます．

　以上の前半を受けて，地熱エネルギーの利用そしてその意義の理解を含めた後半（第4章から第8章）に進みます．まず，熱水系をどのように明らかにし（地熱の探査法），そして，それに基づいてどのように資源量の評価を行うかという数学的な取扱いの基礎を含め，その実際の地熱地域への適用，すなわち工学的な手法を学びます．続いて，地熱エネルギーの実際の利用法（地熱発電利用，直接利用，地中熱利用）を，さらに地熱エネルギーの利用がどのような問題（エネルギー枯渇，地球温暖化，地域振興，都市の熱環境）に貢献するのかを学びます．そして，最後に，地熱エネルギー利用の将来の姿に触れることにしています．「地熱工学」は総合的な学問です．個人あるいは1人の研究者・技術者がすべてに関し，実際的に対応することは困難です．しかし，同時に，広範な分野を俯瞰的に理解することも重要です．本書は，そのような理解のための導入を試みました．幅広い分野を俯瞰し，地熱エネルギーの基礎的事項を理解するだけでなく，地熱エネルギーの特性を理解し，他のエネルギーと比較しながら適切な導入を図るのに用いたり，あるいは特定の科学的・工学的な課題を見出し，その学術的な解決に邁進する第一歩としたり，多様な目的に本書を役立てていただけることを期待しています．

　2014年7月

地熱情報研究所　江原幸雄・野田徹郎

目次

まえがき .... *i*

準備――基本知識の整理 *1*
  0.1 熱の流れの3つのタイプ *1*
  0.2 熱伝導とは *2*
  0.3 地球内部の熱伝導に出てくる5つの物理量 *3*

第1章 地球の熱 *5*
  1.1 熱史 *5*
    1.1.1 単純な高温地球の冷却モデル *6*
    1.1.2 放射性熱源を考慮した高温地球の冷却モデル *7*
    1.1.3 低温地球の高温化後冷却モデル *7*
    1.1.4 低温地球の高温化後対流冷却モデル *8*
  1.2 地球内部の温度 *8*
    1.2.1 地球内部の構造とテクトニクス *9*
    1.2.2 地殻〜最上部マントルの温度 *10*
    1.2.3 上部マントルの温度 *14*
    1.2.4 中・下部マントル〜コアの温度 *15*
    1.2.5 地球内部に貯えられた熱 *16*
  1.3 地殻熱流量 *17*
    1.3.1 陸上での測定 *18*
    1.3.2 海底での測定 *19*
    1.3.3 伝導的熱構造の推定 *21*

第2章　火山の熱 33

- 2.1 プレートテクトニクスと火山 33
  - 2.1.1 プレートと火山の存在 33
  - 2.1.2 プレートの沈み込みと火山の発生 35
- 2.2 火山の下の熱構造——マグマ溜り 36
  - 2.2.1 マグマの検出 37
  - 2.2.2 熱源としてのマグマ 42
- 2.3 火山地域における地熱系の発達 43
  - 2.3.1 地熱系発達の概念とその実証的解明の糸口 44
  - 2.3.2 ポテンシアル流と熱対流の競合による熱水系の発達 46
  - 2.3.3 マグマからの熱供給形態のちがいによる影響 48
- 2.4 火山の地熱地域から放出される熱の測定法 52
  - 2.4.1 熱伝導で放出される熱の測定 52
  - 2.4.2 温泉水として放出される熱の測定 53
  - 2.4.3 噴気（水蒸気）として放出される熱の測定 54
  - 2.4.4 高温湯沼から放出される熱の測定 55

第3章　熱水系 57

- 3.1 熱水系とは——熱水系の存在性 57
- 3.2 熱水系の水の起源 59
  - 3.2.1 地表水起源 60
  - 3.2.2 マグマ水起源 61
  - 3.2.3 その他の起源の水 62
- 3.3 熱水系（地熱系）の分類 63
  - 3.3.1 伝導卓越型地熱系 64
  - 3.3.2 堆積盆地型地熱系 66
  - 3.3.3 天水深部循環型地熱系 67
  - 3.3.4 熱水卓越型地熱系 67
  - 3.3.5 蒸気卓越型地熱系 69
  - 3.3.6 マグマ性高温型地熱系 70
  - 3.3.7 地熱系形成における地形あるいは断層の効果 71
- 3.4 熱水系の定量的な取扱いの基礎 72

第4章　地熱の探査 ... 75
- 4.1　地熱探査の意義と役割 ... 75
- 4.2　地熱探査法各論 ... 76
  - 4.2.1　地熱探査の諸段階 ... 76
  - 4.2.2　文献調査（データベース利用を含む）... 76
  - 4.2.3　空中からの探査 ... 76
  - 4.2.4　地上からの探査 ... 79
- 4.3　ボーリングによる掘削調査 ... 100

第5章　地熱系モデルの作成と資源量評価 ... 105
- 5.1　地熱系概念モデルの作成 ... 105
- 5.2　地熱系数値モデルの作成と資源量評価 ... 105
- 5.3　地熱系モデル作成の例 (1)——大分県九重火山九重硫黄山の例 .. 108
- 5.4　地熱系モデル作成の例 (2)——岩手県葛根田地熱地域の例 ... 115
- 5.5　地熱系モデル作成の例 (3)——大分県八丁原地熱地域の例 ... 119

第6章　地熱エネルギーの利用法 ... 123
- 6.1　地熱発電 ... 123
  - 6.1.1　蒸気発電（フラッシュ発電）... 123
  - 6.1.2　バイナリー発電 ... 128
  - 6.1.3　トータルフロー発電 ... 129
  - 6.1.4　持続可能な地熱発電 ... 131
- 6.2　直接利用 ... 138
  - 6.2.1　多様な直接利用 ... 139
  - 6.2.2　カスケード利用 ... 140
- 6.3　地中熱利用 ... 142
  - 6.3.1　地表近くの温度とその変化 ... 143
  - 6.3.2　地中熱利用冷暖房システム ... 144
  - 6.3.3　設置例——設計・設置・運用・影響評価 ... 145

第7章　地熱エネルギー利用の貢献 ... 153
- 7.1　地球温暖化問題への貢献 ... 154
- 7.2　エネルギー問題への貢献 ... 158
- 7.3　地域振興への貢献 ... 161

7.4　都市の熱環境問題（ヒートアイランド現象）への貢献 *164*
　　　　7.4.1　ヒートアイランド現象 *164*
　　　　7.4.2　都市の熱環境の改善 *166*
　7.5　過去の地表面温度の復元 *168*

第8章　将来的な地熱エネルギー利用 *171*
　8.1　EGS発電 *171*
　8.2　マグマの利用 *174*
　8.3　異常高圧層の熱水資源 *177*
　8.4　2050年地熱エネルギービジョン *178*

付録1　熱伝導の基礎——熱伝導方程式の導出 *185*

付録2　熱伝導における役に立つ解（公式）............................. *189*

付録3　熱対流の基礎 *193*

付録4　地熱地域に見られる種々の地熱徴候（ニュージーランド北島タウポ火山帯内部の地熱地域から）............................... *195*

おわりに *197*
　参考文献 *199*

索引 *209*

準備——基本知識の整理

0.1 熱の流れの3つのタイプ

　地球の熱の流れの具体的課題に入る前に，最初に必要な基本知識，特に熱伝導に関して整理しておくことにしよう．熱の流れには伝導，対流，放射（輻射）の3つがある．（熱）伝導とは，物質内の異なる場所で温度が異なる場合，温度差（実際には，温度差をその2点間の距離で割った温度勾配）に比例して，熱が流れる現象である．この場合，物質中を熱が流れるが物質そのものは動かない．運ばれる熱量は，物質の熱の伝えやすさ（熱伝導率）と温度勾配との積による．（熱）対流とは，ある熱（温度）を持った物質自身が動くことによって熱を運ぶ現象である．運ばれる熱量は物質の持つ熱とその移動速度との積によって決まる．（熱）放射（（熱）輻射ともいう）とは，その物質の表面温度に応じて，電磁波（赤外線）の形で物質表面から熱が放出されることをいう．運ばれる熱量は，絶対温度の4乗と物質表面の熱放射能力（放射率という．0から1の間の物性定数）との積による．この放射の場合は介在する物質は存在する必要はなく，したがって，真空中でも放射による熱は伝わっていく．

　さて，この伝導，対流，放射であるが，いずれも地球内外で生じている．伝導が卓越する現象としては以下のようなものが挙げられる．(1) 高温地球の冷却，(2) プレートの冷却，(3) マグマの冷却，(4) 通常地域の地殻内の熱の流れ，などである．対流が卓越する現象としては，(1) 核（コア）内の対流，(2) マントル内の対流，(3) マグマ内の対流，(4) 地熱地域下の熱水対流，などである．放射が卓越する現象としては，(1) 溶岩湖表面から大気中への伝熱，(2) 高温マントル内の熱輸送，(3) 太陽から地球への放射（日射），などである．実際の現象では，3つの熱の流れのタイプが混在しているが，多くの場合，そのうちの1つあるいは2つがかなりの部分を占めている．そこでこの状態を「卓越する」と表

現した．たとえば，マグマの冷却の場合，マグマ内に溶融部分が多いと，伝導および放射による熱の流れも存在するが，マグマ自身の対流による熱輸送が卓越する．冷却するに伴い溶融部分が減少すると（たとえば半分以下程度），マグマの対流は停止し対流による熱輸送はなくなる．さらに温度が低下すると，放射の効果も少なくなり，熱伝導による冷却が卓越する．

0.2 熱伝導とは

熱伝導とは，物質中で場所によって温度が異なっているとき，物質内を熱が高温から低温に流れる現象をいう．この熱の移動は，ミクロに見れば，原子あるいは分子の運動エネルギーの交換（伝播）によって説明されるが，地球内部の伝導的な熱の流れを考えるような場合は通常そこまでは立ち帰らない．

さて，伝導的に流れる熱の量は理論的に予測できるものではなく，実験的に決定されるものである．いま，図 0.1 に示すような，ある厚さ (x) の無限に広い平行板を考える．この平行板の一方側の温度を T_1 とし，もう一方側の温度を $T_2 (> T_1)$ とする．平行板中のある面積 A の部分を通して，t 時間（s：秒）に Q（J：ジュール）の熱が流れたとすると，実験的に以下のような関係が成り立つことが示される．

$$Q \propto (T_2 - T_1) \cdot A \cdot \frac{t}{x} \tag{1}$$

このとき，比例定数を K とすると，

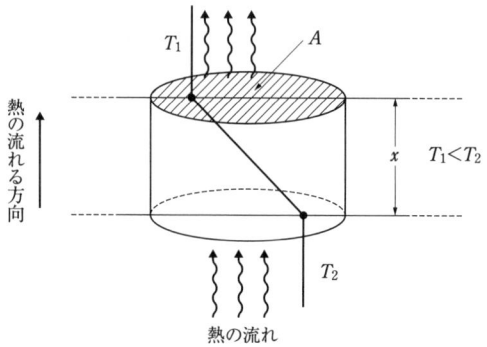

図 **0.1** 平行平板間の熱伝導的な熱の流れのモデル

$$Q = K \cdot (T_2 - T_1) \cdot A \cdot \frac{t}{x} \quad (2)$$

となり，この比例定数 K は物質の熱の伝えやすさ，すなわち熱伝導率である．
　さらに，距離 x を限りなく 0 に近付ける（その時の温度上昇分を dT とする）と，式は微分で表される．

$$Q = K \cdot A \cdot t \cdot \frac{dT}{dx} \quad (3)$$

さらに両辺を $A \cdot t$ で割り，$q = Q/(A \cdot t)$ とし，x を熱の流れる方向を正とすると，dT/dx は負となるので結局，

$$q = -K \cdot \frac{dT}{dx} \quad (4)$$

となり，熱伝導を表現する式となる．これを地球の場合に応じた言葉で表現すると，地球内部の伝導的な熱の流れ（単位面積・単位時間当たりの）は地層の熱伝導率 K と地温勾配 dT/dx との積で表現されることになる．

0.3　地球内部の熱伝導に出てくる 5 つの物理量

　地球内部の熱伝導を考える場合，次の 5 つの物理量が考えられる．そこで，はじめにこれらの物理量について説明することにする．
(1) 熱伝導率 (K)
岩石（地層）の熱の伝えやすさを表す物理量で，伝熱量はこの値のみに規定される．
単位は W/mK．W：ワット，m：メートル，K：絶対温度（ケルビン）．
たとえば，地殻上層の岩石の熱伝導率は 2 W/mK 程度である．
(2) 比熱 (c)
単位質量 (1 kg) の岩石（地層）の温度を 1 K 上げるのに要する熱量．
単位は J/kgK．J：ジュール，kg：質量単位，K：絶対温度．
たとえば，地殻上層の岩石（地層）の比熱は 800 J/kgK 程度である．
(3) 密度 (ρ)
岩石（地層）の単位体積 (m^3) 当たりの質量 (kg)．
単位は kg/m^3．
たとえば，地殻上層の岩石（地層）の密度は 2500 kg/m^3 程度である．

(4) 熱拡散率 (κ)

熱の拡散のしやすさを表す物理量で，伝わってきた熱量による温度上昇は物質の比熱・密度に依存することを示している．$\kappa = K/\rho c$ で表される．

単位は $\mathrm{m^2/s}$．m：メートル，s：秒．

たとえば，地殻上層の岩石（地層）の熱拡散率は $10^{-6}\,\mathrm{m^2/s}$ 程度である．

(5) 放射性発熱量 (H)

岩石中に含まれる放射性核種（ウラン (U) 系列，トリウム (Th) 系列，カリウム (K) 40 等）の崩壊による発熱量．

単位は $\mathrm{W/m^3}$．

たとえば，地殻上層の岩石（地層）の放射性発熱量は $(1\sim3)\times10^{-6}\,\mathrm{W/m^3}$ 程度である．

地殻中の熱伝導による熱の流れを考える場合，火山や温泉のない通常の地域では，地温勾配は 3°C/100 m 程度，地層の熱伝導率は 2 W/mK 程度であるので，伝導熱流量（地殻熱流量）は $6\times10^{-2}\,\mathrm{W/m^2}$ となる．ただし，この値は小さいので 1000 倍し m（ミリ）$\mathrm{W/m^2}$ で表すことが多く，$60\,\mathrm{mW/m^2}$ と表現される．火山地域では地温勾配は 10°C/100 m に達することも珍しくなく，その場合の伝導熱流量（地殻熱流量）は $200\,\mathrm{mW/m^2}$ という高い値になる．

なお，熱伝導の微分方程式の導出は付録 1 に示すので是非とも自分でたどってもらいたい．

第1章
地球の熱

　本書の主題である「地熱工学」を学ぶためには，まず，地球そのものの熱的な姿について理解しておくことが望ましい．そこで，本章では，地球の熱的な歴史，すなわち熱史，そして，地球内部の温度について学び，さらに，地球の全体的な熱構造を理解するために使われる地殻熱流量に進むことにする．読者は本章を通じて地球の熱に関する全般的な基礎知識を得た後，続く第2章でさらに焦点を絞った火山の熱について，第3章では地熱地域下での熱と水の流れについて学び，第4章以降の地熱工学の中心的課題に進んでいただきたい．

1.1 熱史

　地球が生成以来，どのような過程を経て現在に至っているかを，熱学的に明らかにするのが地球の熱史の研究である．実際には，それぞれの時代に知られている地球の初期状態および境界条件のもとで，地球内部の熱的状態がどのように変化するかについて熱輸送方程式を解くことにより，現在推定されている地球の熱的状態を説明する熱史モデルを組み立てられるかという問題に帰結する．本節では，熱史研究の歴史的展開の概要を追ってみる．なお，地球の熱史の研究は，それが独立して存在するというより，それぞれの時代における地球形成論に基づいて，合理的な熱史が組み立てられるかどうかという観点から進められてきたといえる．そのようななか，ギリシア時代の思弁的な地球観・宇宙観はともかくとして，それまでの各時代における地球の形成論に基づいて，地球の熱史を初めて科学的に扱ったのは，19世紀半ばのイギリス人物理学者ケルビンである．以下では，ケルビンの考えた熱史から紹介を始めよう（上田・水谷，1986）．

1.1.1 単純な高温地球の冷却モデル

ケルビンは19世紀を生きた物理学者であったが，19世紀半ばには火の玉地球論，すなわち，地球は形成当初高温の溶融状態にあり，冷却するに従って固化が進行し，現在に至っているとの地球高温起源説が考えられていた．このようななかで，ケルビンは巨大な球体である地球を半無限固体として近似し，半無限固体における1次元非定常熱伝導方程式を解くことによって地球の熱史解明に挑んだ．地表面が温度一定($0°C$)，初期内部温度がT_0のもとで，1次元非定常熱伝導式を解くと（ただし，Tを温度，zを深さ，tを時間，κを熱拡散率とする．付録1を参照のこと）

$$T = T_0 \times \Phi\left(\frac{z}{2\sqrt{\kappa t}}\right) \tag{1.1}$$

となる．ただし，Φは$\Phi(x) = (2/\sqrt{\pi})\int_0^x e^{-\beta^2}d\beta$であり誤差関数と呼ばれる（なお，式の導出は付録2を参照のこと）．式(1.1)を深さz方向について微分し，地表$z=0$における温度勾配を以下のように求めることができる．

$$\left(\frac{\partial T}{\partial z}\right)_{z=0} = \frac{T_0}{\sqrt{\pi \kappa t}} \tag{1.2}$$

この式(1.2)は，地球表面近くの地温勾配が，初期温度，媒質の熱拡散率，および時間によって決定できることを示している．初期温度は物質を想定すれば融点温度から一定の推定が可能であり，初期温度がT_0と一様（なお，この場合，T_0は融点そのものというより，融点に潜熱の効果（潜熱/比熱）を加えた見かけの温度と考えるとよい）の媒質が，その表面を$0°C$に固定したとき，何年経過すれば，地表近くの温度勾配がある値に達するかを知ることができる．ケルビンが活躍していたその当時，南アフリカの鉱山における地温勾配の測定から，$3.6°C/100\,m$という値が知られていた．この値は現在知られている，火山などのない普通の地域の地温勾配を代表する値にほぼ近い．ケルビンは，この値と適当な熱拡散率値や初期温度を使って，高温地球が冷却し，現在の地温勾配になるまでの時間すなわち地球の年齢を見積もることにした．たとえば，初期温度$T_0 = 3900°C$，熱拡散率$\kappa = 0.011\,cm^2/sec$とすると，地球の年齢は10^8年程度となる．ケルビンは仮定が不確かなため修正を繰り返し，最終的には地球の年齢を$(2\sim4) \times 10^7$年とした．その当時，地球の絶対年代は知られていなかったが，たとえば，堆積岩の厚さと堆積速度の推定に基づいて，ある厚さの堆

積岩が形成されるのには，少なくとも数億年は要すると推定されていたことから，ケルビンの推定した地球の年齢はあまりにも若すぎるとして，当時の学界からは受け入れられなかった．この困難を解決するには，地球内部に何らかの熱源があれば解決されることが予想されるが，当時は U, Th, K 等の放射性熱源はまったく知られていなかった．そのようななか，1896年，ベクレルによって，自然放射能が発見された．その結果，次の熱史モデルである「放射性熱源を考慮した高温地球の冷却モデル」が追求されるようになったのである．

1.1.2 放射性熱源を考慮した高温地球の冷却モデル

地球内部に熱源が存在することが明らかにされると，1900年代前半には当時第一級の学者（イギリスの地質学者ホームズ，イギリスの地球物理学者ジェフリーズ，ドイツの地球物理学者グーテンベルグ等）が，こぞって熱史の問題に挑戦した（上田・水谷，1986）．しかし，その結果，いったん地球内部に半減期が数十億年に達する長寿命の放射性熱源が想定されると，今度は，地球がなかなか冷えない困難に陥ってしまった．さらに，第二次世界大戦後コンピュータが発達してくるなかで，大容量の計算が可能となり，地球を半無限媒質と仮定するのではなく球状とし，かつ放射性熱源は時間的に指数関数的に減少するというような改良されたモデルについても計算されたが，いずれの場合でも，高温起源の地球ではほとんど冷えないことが確かめられた．地球の高温起源説は当時の宇宙論的根拠を持つばかりでなく，地球が層構造を持つことからも強く支持されていた．しかし，地球がなかなか冷えないという困難を依然として解決できなかった．このようななか，1950年代以降，新たに地球低温起源説（低温の宇宙塵の集積から地球が次第に成長するとの説）が提案され，それに基づく，地球の熱史の研究が展開されることになった．

1.1.3 低温地球の高温化後冷却モデル

1950年代以降，コンピュータがさらに発達するなかで，ルビモワやマクドナルドといったソ連やアメリカの研究者が，より詳細な熱史の研究に取り組んだ(Lubimova, 1958; MacDonald, 1959)．この時期の地球低温起源説では，地球創生時低温 → 放射性発熱による加熱 → 内部溶融 → 重力分離 → 成層構造の生成 → 熱伝導冷却というプロセスが想定されていた．しかし，このモデルの決定的な困難性は，成層構造の形成に伴い莫大な重力エネルギーが解放され，これに伴い全地球が1600度程度上昇し，地球が全面的に溶融してしまうことであり，

またまた冷えない地球が出現してしまうことであった．このモデルを含め，従来のモデルでは，地球内部での熱輸送は基本的に熱伝導であるとしており，地球を冷却するためにはもっと有効な熱輸送機構，たとえば熱対流が必要なことを暗示していたのであった．

1.1.4 低温地球の高温化後対流冷却モデル

1960年代の海洋底拡大説，1970年代のプレートテクトニクス説から，固体のマントルが流動しうることが明らかになり，マントル内の固体熱対流により，地球がより効果的に冷却する可能性が指摘され，これによって冷えないという困難は解決されると考えられるようになった．すなわち，現在の妥当な地球の熱史は，まず低温地球が放射性熱源により加熱され，地球全体が溶融後，層構造が形成されたとする．その後，地球は熱伝導だけではなく，プレートテクトニクスを駆動するマントル内熱対流により，地球内部の熱が有効に地球外に放出され，現在のような，深さ100 kmで約1000°C，深さ500 kmで約1500°C，深さ3000 kmで4500°C，そして，地球の中心深さ6370 kmで6000°Cの温度分布を保持していると考えられる．結果的に，外核（おおよそ2900〜5100 km）を除いて，地球は全体として固体状態にあるとされている．以下では，上で示されたような温度分布がどのようにして得られたかについて説明する．

1.2 地球内部の温度

地球では地震活動や火山活動が常に発生しており，月のように既に冷え切ってしまった天体ではない．火山の噴火に見られるような，高温のマグマの地表への噴出は，地表に比べ地球内部の温度が高いことを想像させる．また，近代文明が十分発達する前から地下の鉱山開発がなされていたが，その結果，地下を掘り進むほど温度が高くなることが知られていた．このように地表に比べ地球内部の温度が高いであろうことは昔から知られていたが，その数値までよく知られるようになったのはほんの数十年程度前のことである．そして，現在は地球内部の様々な数値（圧力や密度などの種々の物性値）がよく知られるようになってきたが，依然，最も不確かな物理量の代表が地球内部の温度分布といっても過言ではない．しかし，マントルの対流現象や地震発生の下限深度，地殻の変形現象等，地球内部の現象で温度に関係するものを挙げれば暇がない．そのような意味からも，今後とも地球の内部の温度をより正確に知ろうとする研

究は続けられるであろう．

　さて，上述したように，地球内部の温度分布と地球表層あるいは内部の動きは密接なものとなっている．そこでまず，地球理解の第一歩として，地球の構造とテクトニクスの話から始めることにしよう．

1.2.1　地球内部の構造とテクトニクス

　地球の内部は表層から，地殻・マントル・核（外核・内核）の3層から構成されている（図 1.1）．このことはどのようにして知られたのであろうか．それは地球内部の地震波の伝播状態の解析から得られたものである．現在，地球内部の構造を知るうえで最も有効な方法は地震学的な手法である．地震波は光と同じように異なる媒質の境界面で屈折・反射をする．地層の境界面では，接する両層の地震波速度の違いに応じて屈折する．その原理は光学におけるスネルの法則と同じものであり，境界面への入射角と両地層の地震波速度がわかれば屈折角がわかる，すなわち，ある地震波の進んでいく方向がわかることになる．図 1.2(a) に地震波が地球内部を伝播する様子が描かれている．そして，図 1.2(b) にそれに対応する走時曲線が描かれている．走時曲線とは，地震波の発信源からの距離とそこに到達した地震波の到達時間との関係を示したものである．観測からは図 1.2(b) の走時曲線が得られ，この走時曲線を解析することによって，図 1.2(a) のような地震波速度とその境界面（すなわち，地震波速度構造）が得られるのである．地震波伝播の原理はスネルの法則によっているが，実際に，走時曲線から地下構造（地震波速度とその境界）を解析するための手法が開発されている．古くは，ヘログロッツ–ウィーヘルトの方法があり，近年では地震

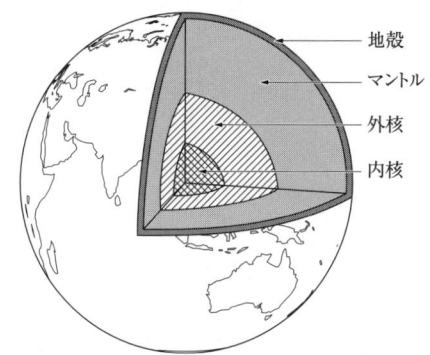

図 1.1　地球の内部構造：地殻・マントル・核（コア）

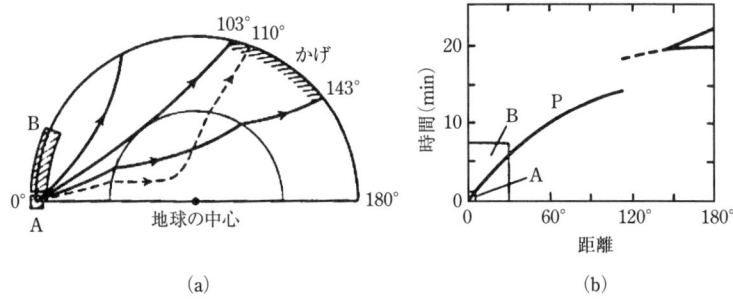

図 1.2 地球内部の構造と地震波の伝播 (a) と伝播する地震波の走時曲線 (b)（上田・水谷，1986）

波トモグラフィーによって地球内部の 3 次元的な速度分布を求められるようになっているが，その詳細は地震学の教科書を開いてほしい（たとえば，Bullen, 1965 あるいは安芸・リチャーズ，2004）．なお，地震波の解析から得られる地球の内部構造は図 1.1 のようになっているが，このうち，外核（深さ 2900 km から 5100 km まで）は地震波の S 波（横波）が伝わらないことから液体と推定されている．

マントルは全体としては固体と考えられているが，部分的には岩石が溶けている領域が存在することも知られている．地球内部にいくに従って圧力が増加する．その結果，岩石はより圧縮され，同じ岩石であれば地震波速度は増加していくことになる．しかし，実際のマントルの地震波速度を調べてみると，地球上の多くの地域では，上部マントル（地殻の底から深さ 400 km 程度まで）の深さ数十 km から 200 km 程度の深さに，地震波速度が減少する領域（低速度層，Low Velocity Zone と呼ぶ）が存在している．そして，その原因として，圧力の効果より温度の効果が勝ることによって岩石が軟化し，さらに部分溶融していることが推定されている．溶融量は最大数%程度である．この部分溶融層の存在は，火山現象・地熱現象を考えるうえでも，さらにもっと大きく地球内部の動き（グローバルテクトニクス）を考えるうえでも極めて重要な役割を果たしているが，それについては後に述べることにする．

1.2.2 地殻〜最上部マントルの温度

さて，前項で地球内部のおおよその構造は知られたが，それらにおける温度はどの程度知られているのであろうか．はじめに，低速度層より浅部，すなわち地殻および最上部マントルの温度を考えてみよう．地殻および最上部マント

ルは大局的には固体であり，そこにおける熱の伝わり方は熱伝導が卓越すると考えられる．熱伝導とは，異なる2点間に温度差がある場合，その温度差（厳密には2点間の温度差である温度勾配）に比例して熱が流れるというものである．したがって，流れる熱の量と，その地層を構成する岩石の熱伝導率がわかれば温度上昇の割合が求められ，ある深度の温度が得られれば，それより深部の温度が計算できることになる．実際には，熱伝導による熱の流れを記述する微分方程式を適当な境界条件と初期条件で解くことになる．それらの手続きについては付録1に示してあるので参照されたい．熱伝導の微分方程式を解くと，温度は，境界条件と初期条件（温度が時間によって変化しない定常状態では初期条件は必要ない）および熱伝導率等の物性定数を介して，深さの関数として表現される．もっとも簡単な，均質な地層の場合の定常1次元の熱伝導方程式の解は以下のように表現される．

$$T(z) = T_0 + \frac{Q_0}{K}z - \frac{H}{2K}z^2 \tag{1.3}$$

ただし，ここで，$T(z)$ は深さ z における温度，T_0 は地表面温度（ほぼ年平均気温に相当），K は地層の熱伝導率，Q_0 は地表面における伝導熱流量（地殻熱流量と呼ばれ，一般には地表近くの数十m深から数km深の地層における地温勾配と地層の熱伝導率との積で求められる．後に詳しく説明する），H は放射性発熱量である．

したがって，式 (1.3) 中の，T_0, Q_0, K, H がわかれば任意の深さ z における温度が計算されることになる．T_0 は地表面における温度であるが，これはほぼ年平均気温に等しいのでこれを使うことができる．式 (1.3) は2次曲線となっており，地温勾配は深さとともに次第に小さくなっていくことを示している．これは放射性熱源の存在の影響である．既に述べたように，地殻浅部の平均地温勾配は 3°C/100 m 程度であるので，この割合で地球中心部（深さ 6370 km）まで温度が上昇すると 20 万°C 近くになってしまうが，実際の地球中心部の温度は約 6000°C と推定されている．

さて，式 (1.3) は対象とする地層の物性を一様としており，地殻深部や上部マントルの温度までをこの式で計算するのは無理がある．その場合は，地殻あるいは上部マントルの地層を必要に応じて薄い多層に分け，それぞれの地層に式 (1.3) を順次適用していけば，どのような多層でも温度は計算できる．したがって，温度を正確に求めるためには，熱伝導率および放射性熱源の深さ分布を正確に知る必要があることになる．地殻あるいは上部マントルの構成岩石，また，

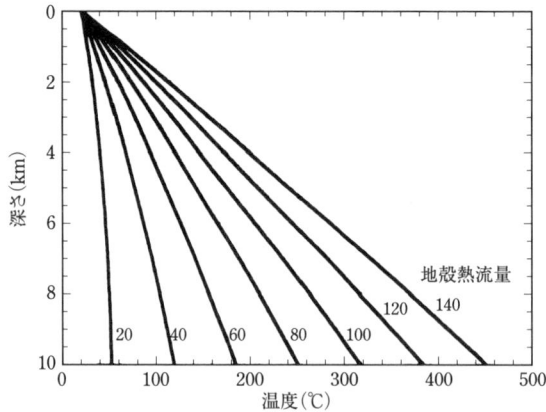

図 1.3 異なる地殻熱流量による地殻内温度分布 (Nagao et al., 1995)

それらの熱伝導率，放射性熱源含有量はおおよそ知られており，それらを使うことによって，より確からしい温度分布を得ることができる．より正確な温度分布を求めるために，熱伝導率や放射性熱源の深さ分布を，精密に決められている地震波速度分布と対応させて決めるなどの試みがなされている（たとえば，Jin et al., 1995）．あるいは，放射性熱源の分布が深さとともに指数関数的に変化 ($H = H_0 \cdot \exp(-z/D)$. ただし，H_0 および D は定数) するとして式 (1.3) に代わるものとして，

$$T(z) = T_0 + \frac{(Q_0 - H_0 \cdot D)z}{K} + \frac{H_0 \cdot D^2}{K}\left(1 - \exp\left(-\frac{z}{D}\right)\right) \quad (1.4)$$

が使われることもある．また，熱伝導率を温度の関数として考慮する場合もある．図 1.3 には一例として，地殻熱流量に応じて地殻の温度がどのように変わるかを示した．地殻熱流量の違いによって，地殻内の温度が大きく変わることがわかる．このことから，地殻〜最上部マントルの温度を推定するにあたって，地殻熱流量の測定の重要さを理解することができる．なお以上では，定常 1 次元を仮定して地下温度を推定したが，水平的に温度が変化する場合は 2 次元あるいは 3 次元で計算する必要がある．このような場合はもはや式 (1.3) あるいは式 (1.4) のように簡単には解くことはできないが，直方体状あるいは球状の熱源（マグマ）が地下に存在する場合は，3 次元の場合でも解析的な解が得られている（既に知られている関数で表現される）場合があるが（付録 2 を参照してほしい），任意の形状の熱源の冷却は解析的には求められない．しかし，数

値的に解くことは可能であり，コンピュータを使えば容易に迅速に計算できる．繰り返し計算や順次行う多数回の計算はコンピュータの得意とするところである．また，地下の温度が時間的に変化する場合は，それを考慮する必要がある．新たにマグマの貫入がある場合などがそれに該当するがこれについては後に触れる．

さて，地殻〜最上部マントルは基本的には固体であり，上記のような温度推定が可能であるが，それ以深の温度はどのように推定されるだろうか．その1つが地震波の低速度層の深度からの推論である．地下深部にいくに従って高圧になり，同じ物質（岩石）であれば地震波速度は上昇すると考えられる．しかし，実際には，図1.4に示されるように，地球上の多くの地域で，上部マントルのある深度から深さに伴って地震波速度が逆に低下している．この解釈として，地下深部になるに従って温度が上昇するため，上部マントルが高温になり，岩石が部分的に溶融している（岩石は，融点の異なる多成分の鉱物から構成されており，低融点の鉱物から溶けはじめ，パッチ状に融解部分が分布している）ためと考えられている．すなわち，地震波速度が低下を始める深度は，マントル物質（カンラン岩）が溶融を始める温度に達していると考えられる．カンラン岩が溶融する温度は，高温高圧における岩石の溶融実験（温度・圧力を変えて，溶融するかどうかを判定する実験）によって知ることができる．この温度は上部マントルでおおよそ1000°Cと推定されている．低速度層がより浅部から始まり，そして，地震波速度の低下の割合が大きい地域ほど，より浅部で高温となっており，溶融の程度も大きいと考えられる．したがって，そのような地域ほど，火山活動がより活発あるいは地熱地域がよく発達すると考えられる．これは図1.4における北米の3地域（アメリカ西部，アメリカ中西部およびアメリカ中部）の上部マントルの速度分布を比較するとよくわかる．アメリカ西部の活火山が帯状に発達する地域において，低速度層は最も浅部から始まり，速度低下の度合いも最も大きく，アメリカ中部では低速度層は見られず，アメリカ中西部はそれらの中間に位置している．アメリカ中部では低速度層は発達しておらず，それを反映するように火山も存在せず，構成する地層の地質年代も最も古いのである（上田・水谷，1986）．

図1.4には，日本列島下の平均的地震波速度構造が示されており，低速度層が始まるのは80km深程度と見られるが，地域によって大きな違いがあることが予想される．すなわち，火山フロントから内側の活火山および第四紀火山が存在する地域は，80km深より浅い深度から低速度層が始まっていると考えら

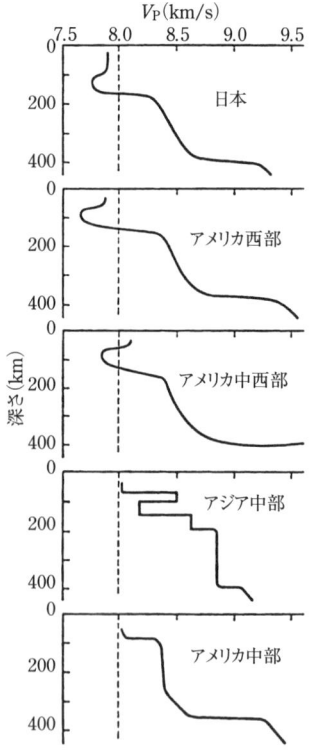

図 1.4 低速度層分布の地域による違い（上田・水谷，1986）

れる．その深度は，地殻熱流量あるいはその後の詳細な地震波速度や地震波減衰の研究から，モホ面直下（30 km 深程度）から始まっていると考えてよいようである（吉井，1979）．

1.2.3 上部マントルの温度

低速度層が発達する深度（30〜200 km 深）より深部の温度はどのように推定されるだろうか．やはりこれも地震波速度の深さ方向の変化から精度良くもたらされる．マントルの地震波速度構造の研究から，上部マントルの深さ 370〜450 km および 500〜550 km 程度の深度に地震波速度の急上昇部分があることが知られている（図 1.5）．この領域の岩石もカンラン岩と考えられている．この速度の急上昇の原因は，マントルを構成する主要鉱物の高温高圧実験から，岩

1.2 地球内部の温度　15

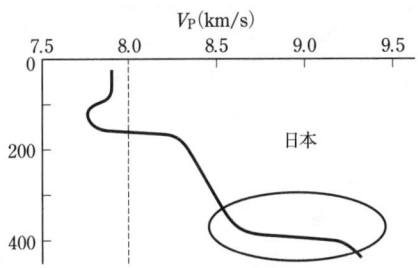

図 1.5　上部マントルにおける地震波速度の急上昇（上田・水谷，1986）

石（鉱物）の相転移（高圧相の発生）によるものではないかと推定されている．すなわち，上部マントルの深さ 370〜450 km に相当する圧力下で，カンラン岩中のカンラン石が α–スピネル構造から，より高圧相の β–スピネル構造に相転移し，約 380 km に相当する圧力で 1400°C，そして，500〜550 km に相当する圧力下で，β–スピネル構造がさらに高圧層 γ–スピネル構造に相転移し，約 500 km で 1530°C と推定されている．

　一方，上部マントル中の温度の推定に対して，地質温度計というまったく異なるアプローチがある（上田・水谷，1986）．これは，上部マントル中から高速で地表にもたらされた超塩基性岩中の輝石の元素比が温度・圧力に依存していることから求められるものである．その結果が図 1.6 に示されている．それによると大洋下では大陸下に比べ系統的に温度が高い．大洋下では，40 km 深程度で約 1000°C，140 km 深程度で 1200〜1400°C となっている．一方，大陸下では，100 km 深で 1000°C 程度，200 km 深程度で約 1400°C となっている．これらは上部マントル温度の平均的な値を示しているものといえよう．

1.2.4　中・下部マントル〜コアの温度

　マントル中のさらなる深部ではどのような温度になっているだろうか．このような深部の温度に関しては，実測値に基づくというよりも，想定される岩石の融点温度（上限温度に相当する）分布あるいは断熱温度（下限温度に相当する）分布から，ある程度の温度範囲が推定されているというのが現状である．そして，それらの推定値には大きな差が見られる．そのようななかで温度を規定する重要な指標は，コアの外側部分（外核，およそ 2900〜5100 km）が液体であるという事実であろう．これは外核内を S 波が伝播しないという地震学的証拠によっている．すなわち，マントル–外核境界の温度は，外核物質の融点に達して

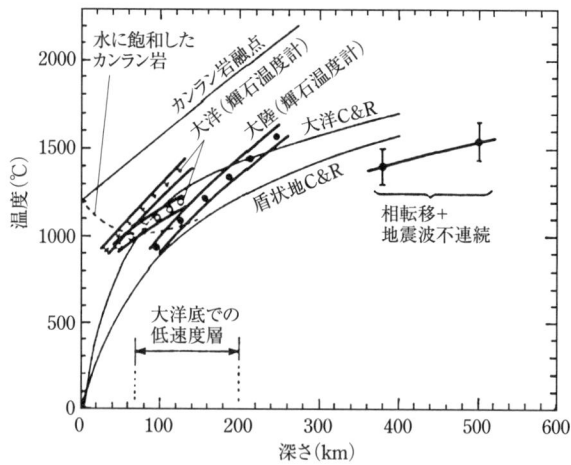

図 1.6 地質温度計によるマントル内温度分布の推定（上田・水谷，1986）

いることになる．核の主要成分は，大部分を占める鉄と少量のニッケル，ケイ素，あるいは硫黄との合金という物質的推定，および熱力学的推論から，マントル–外核境界の温度は，3000～5000°C という幅広い推定がなされているが，比較的近年の研究によると 4500°C 程度のものが多い．さらに，地球中心部の温度はやはり熱力学的な推定から 6000°C 程度と推定されている（上田・水谷，1986）．なお，ごく最近の研究成果も地球中心部の温度は約 6000°C であることを示している (Anzellini et al., 2013)．

以上のような推定から，地球内部の大まかな温度分布は以下のように考えられる．すなわち，100 km 深で約 1000°C，500 km 深で 1500°C，3000 km 深で約 4500°C，そして地球中心部 6370 km 深で約 6000°C であり，偶然であるが，太陽の推定表面温度も 6000°C 程度である．

われわれの地球内部の温度分布の大まかな姿は知られてきたが，地域ごとにも大きく異なっており，まだまだ精度の高い推定は困難である．地球内部の温度の推定は，今後も引き続き研究が必要な地球科学の重要な分野の 1 つに挙げられるだろう．

1.2.5 地球内部に貯えられた熱

前項で，地球内部のおおよその温度分布が知られたわけであるが，これを基にしてさらに密度・比熱を仮定すれば，地球内部に貯えられている熱量（= 地

球各層の質量 × 比熱 × 温度）が計算できることになる．その結果によると，地球内部に貯えられている熱量は 10^{31} J（ジュール）と推定されている (Rybach and Mongillo, 2006)．地球は内部ほど温度が高いことから，地球内部からは常に地表に向かって熱が放出され，最終的には大気中に放出されることになる．地球内部からの熱は火山噴火に伴う噴出物によっても放出されるが，地球の全表面より熱伝導的に放出される熱放出の方が圧倒的に大きいこと（30倍以上）が知られている（上田・水谷，1986）．いま 10^{31} J の地球内部の熱が，現在の地殻熱流量（地球全体の平均値としておおよそ $70\,\mathrm{mW/m^2}$）の割合で放出されるとしたら，全部の熱が放出され尽くす時間が計算される．それは何と数十億年というオーダーとなり，これまでの地球の年齢に相当する長期間が必要であることになる．すなわち，地球内部にはこのような膨大な熱が貯えられていることになる．地球体積の 99% は温度が $1000\,°\mathrm{C}$ 以上であり，$100\,°\mathrm{C}$ 以下の部分は 0.1% に満たない (Rybach and Mongillo, 2006)．太陽だけでなく，地球もまた火の玉であるといっても過言ではないであろう．

1.3 地殻熱流量

地殻熱流量（Terrestrial heat flow または Heat flow）とは，地球内部から地殻を通って地表面へと流れ出る伝導的な熱の流れのことである．その定義式は，地殻熱流量＝（地層の熱伝導率）×（当該地層における地温勾配），すなわち式 (1.5) である．

$$Q = K \times \frac{dT}{dz} \tag{1.5}$$

ただし，Q は地殻熱流量，単位は $\mathrm{W/m^2}$（実際上は，1000 倍した $\mathrm{mW/m^2}$ が使われることが多い），K は地層の熱伝導率（単位は W/mK．ただし，W/m°C も使われる），そして dT/dz は地層の地温勾配（単位は K/m．実際上は，°C/m あるいは °C/100 m がよく使われる）である．この場合は，地下深部にいくに従って，温度が増大する方向に座標系をとっており，dT/dz の符号は正である．なお，熱の流れはベクトルで表現されるが，地殻熱流量はその鉛直成分として定義されている．この地殻熱流量の測定法は陸上と海底の場合では異なっているので，以下では分けて説明する．

1.3.1 陸上での測定

地表面温度は，太陽放射の変化に応じて変化するので，日変化および年変化している．地表面温度が変化すると，その変化は振幅および位相を変えながら地球内部に伝導的に伝播していく．そして，変化の周期が長いほど変化は深部まで到達する．年変化の場合，日本などの中緯度地域では 15 m 深程度まで到達する．一方，日変化は数十 cm 深程度まで到達する．地殻熱流量値は微小な量であり，したがって気温の年変化の及ばない深さで測定する必要がある．このようなことから，中緯度地方では，少なくとも 15 m より深部で地温勾配を決定する必要がある（数学的取扱いに関しては，6.3 節を参照のこと）．陸上の場合，さらに比較的浅層で地下水の流れが大きいことがあり，地下水流によって，より深部から上昇する地殻熱流量が運び去られると考えられ，優勢な地下水流のあるところも地殻熱流量測定からは避けられる．このようなことから，地殻熱流量を決定するためには，一般に深さ 100 m 以上で地温勾配が測定されることになる．

地温勾配の決定では，多くの場合，温度センサーを付けたケーブルをボーリング坑内にゆっくり降ろすことによって，適当な深度ごとに温度を測定することが多い．この際重要なことは，ボーリング坑内の水温（周辺地層と熱平衡にあると仮定している）がボーリング坑掘削後，十分時間が経過し，熱平衡状態に達していなければならないことである．ボーリング坑掘削直後の水温は，掘削作業（掘削時には，掘り屑を地上に引き上げるため，常に，「掘管」と「掘管と地層」の間を水が循環している．掘削については，4.3 節を参照のこと）で乱されており，十分な時間経過後，温度測定をする必要があり，掘削終了後少なくとも数日後に測定することが望ましい．なお掘削終了後，温度回復の時間的変化を複数回測定できれば，温度が十分回復した後の温度（最終平衡温度）を理論的に推定することができる (Bullard, 1947)．その場合，ある深度の最終平衡温度 $T(\infty)$ は以下のように表現される．

$$T(\infty) = T(t) + C \cdot \log\left(1 + \frac{t_1}{t_2}\right)$$

ただし，$T(t)$ は掘削終了後，時間 t_2 が経過したときのある深度の温度，t_1 はある深度に最初に掘削が到達してから掘削が終了するまでの時間，t_2 は掘削終了後の経過時間，そして，C はボーリング坑の坑径，温度，深度，掘削に伴う循環

流体や周囲地層の熱的性質等に依存する定数である（ただし，$T(\infty)$ を求める上で，関係するパラメータ個々の値は必要ない）．片対数グラフ上で，$(1+t_1/t_2)$ と $T(t)$ をプロットすれば，$t_2 \to \infty$ のときの温度として最終平衡温度 $T(\infty)$ が求められる．

次に地層の熱伝導率の測定であるが，ボーリング坑掘削時にコアと呼ばれる円筒状の岩石試料が得られる場合は，その試料を用いて測定する．測定試料は，そのボーリング坑の地質柱状図に従って適切に選び出す．多くの場合，数個から 10 個程度の測定を行い，深さを考慮した重み付き平均値を求めることが多い．なお，コアが得られず，スライム（破砕された岩石微粒子の集合体）だけが得られる場合もある．このような場合，水で充填したスライムの熱伝導率を測定し，それに基づいて岩石だけの熱伝導率を推定する方法がある（伊藤ほか，1977；多田井ほか，2009）．さらに，スライムも得られない場合は，地下に想定される地層の露頭を探して試料を採取し，代用して熱伝導率を測る場合もある．

地殻熱流量値を計算する場合，温度変化が該当する深度にわたって 1 つの温度勾配で近似される場合は，最小 2 乗法的に決定された地温勾配と熱伝導率の平均値との積を求めればよい．なお，地温勾配がいくつかの地層ごとに異なる場合は，異なる地層ごとに地温勾配および熱伝導率の積を作り，その平均値として地殻熱流量値を決定することもある．なお，このような場合，ブラードプロットと呼ばれる巧みな手法もある．この場合は，各地層の厚さを D_i，その地層の熱伝導率を K_i としたとき，ある深さの温度が $T_n = T_0 + Q \cdot \sum_{i=1}^{n}(D_i/K_i)$ で表されることから，$\sum_{i=1}^{n}(D_i/K_i)$ と T_n をプロットすると，両者の関係の直線の傾きとして，地殻熱流量 Q を求めることができる．

1.3.2 海底での測定

深海底の水温は極めて安定しているといわれている．したがって，深海底で地殻熱流量を決定する場合，陸上の場合ほど深いところで測定する必要はなく，海底面下数 m 程度の深さの地温を測り，地温勾配を決定すればよい．海底面下数 m の温度を測るためには，海底温度差計と呼ぶ温度測器（現場写真 1）を使用する．いくつかの種類（ブラードタイプ，ユーイングタイプ，バイオリンボウタイプ等）があるが基本原理は同様なものである（たとえば，図 1.7）．深海底表層は一般に粘土のような柔らかい深海堆積物からなっており，金属製の槍であれば容易に突き刺さる．ブラードタイプのものでは，上部に記録計などの入っ

20   第1章 地球の熱

現場写真 1

手前に見えるのは海底温度差計を吊り下げるウインチ．後方右に見える円筒形物体（耐圧容器）が海底温度差計．温度記録計や傾斜計が入っている．この耐圧容器の右側に温度センサーの入った槍（長さ数 m）が接続される．

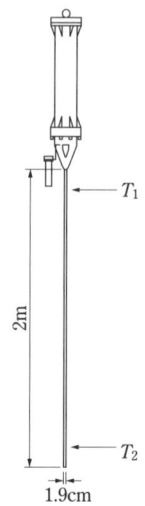

図 **1.7**　海底温度差計 (Langseth, 1965)

た耐圧容器があり，その下部に金属製の槍がついている．槍はパイプ状になっており，その中に適当な間隔で温度センサーが封入されている．

　測定海域に到着すると船を停止し，ワイヤーを付けた海底温度差計を，ウインチを使って海中に自由落下させ，海底堆積物中に突き刺す（なお，温度センサーが封入されているパイプが海底に突き刺さったときの角度が，耐圧容器内

に封入されている記録計に記録され，曲がって突き刺さった場合は後に補正される）．海底温度差計が静止した状態で温度が測定できるよう操船し，船を一定位置に維持する．槍が海底に突き刺さったとき摩擦熱が生じるが，30分～1時間程度で摩擦熱の影響はなくなり，乱されていない地層温度を測ることができる（なお厳密には，測定温度の経時変化から最終平衡温度の推定が可能である）．

熱伝導率の測定には2つの方法がある．1つは，内部が中空のコアサンプラーを海底に落下させ，海底堆積物中に突き刺した後，海底堆積物を船上に回収し，船上の実験室で測定する場合（以下で述べる熱針法あるいはボックスプローブ法が用いられる）と，もう1つの方法は，海底温度差計の槍内に挿入された直線状ヒーターで周辺堆積物を加熱し，その温度上昇の経時変化を測定して熱伝導率を原位置で決定する場合である．

なお，熱伝導率の測定には定常法と非定常法があるが，最近は測定時間の短さから，非定常法が使われることが多い．固い陸上の岩石の場合は，ボックスプローブ法が使われる．この方法では，細長い直方体（ボックス）の1つの面に直線状のヒーターを置き，その中央に温度センサーが設置してある．対象とする岩石をカッターなどで切断し，表面を磨き滑らかな測定表面を準備する．この試料表面にヒーターの付いたボックス表面を圧着させ，ヒーターを加熱し，接触部分（岩石表面）の温度上昇を測定し，温度の時間的上昇率から熱伝導率を決定する．ボックスプローブ法では，ヒーターから同じ熱量が加えられた場合，岩石の熱伝導率が良ければ温度センサーの温度上昇率は小さく，岩石の熱伝導率が悪ければ温度上昇率が高くなる性質を利用して，試料の熱伝導率を決定するのである．

船上における海底の柔らかい堆積物の熱伝導率測定では，細い（1mm程度）パイプ状の針の中にヒーターとセンサーが封入されており，この細い針（ニードル）を堆積物に突き刺し，その温度上昇率を測る．これは熱針法（ニードルプローブ法）と呼ばれる方法であるが，基本的な測定原理はボックスプローブ法と同じである．

1.3.3　伝導的熱構造の推定

上述したように地殻熱流量は陸上においても，海底においても測定される．陸上の測定は1930年代から，海底での測定は1950年代から始められている．測定機器は時代とともに進歩してきているが，測定の基本原理は同じである．海底での測定は，測定目標地点が決定され，船が目標地点に行けさえすれば測

定が可能である．現在，世界の地殻熱流量測定値は 2 万点を超えているが，その 90%以上は海底地殻熱流量といわれている．なお，海底地殻熱流量の場合，深海底の場合は海底面下数 m 深で温度勾配が決定されるが，大陸棚のような浅海では海底面温度が変動し，その分を補正するために長期間の海底面温度データが必要であり，正確な値を決定するのは容易ではない．なお，大陸棚の場合は，石油掘削用の井戸等を利用して陸上と同じ方法で地殻熱流量が測定される場合もある．

世界中で地殻熱流量が測られるようになった結果，その地球上での分布状態が明らかにされ，多くの興味深い現象が明らかにされている．日本列島規模などの地域的な地殻熱流量分布も極めて興味深いものであるが，ここではまず，地球規模の地殻熱流量分布の特徴を整理しておこう．

1.3.3.1　陸上の地殻熱流量分布

地殻熱流量値が測定された地層の地質年代と地殻熱流量値とを比較すると興味深い結果が得られる．同じ地質年代の中でも地殻熱流量にばらつきは見られるが，それらの平均値を見ると地質年代と良い相関があることがわかってきた．すなわち，より新しい地質年代での地殻熱流量の方がより大きいという結果である（Fowler, 2005, 図 1.8）．また，より新しい地質年代，特に新生代の熱流量ほどばらつきが大きい傾向にある．地殻熱流量値の平均値が数十億年のタイムスケールにわたって時間に依存する理由としては，地殻熱流量の重要な構成成分である放射性熱源の時間依存性および，それぞれの地質年代における地殻・上部マントルの活発化に伴う高温化の反映と推定される．地殻・上部マントルの高温化とは，地殻活動が活発な時代には，そのエネルギー供給源である上部マントルがより高温化し，したがって，火山活動などの多様な地殻活動を生じさせると考えられる．ある厚さの地殻および上部マントルの一部（プレートに

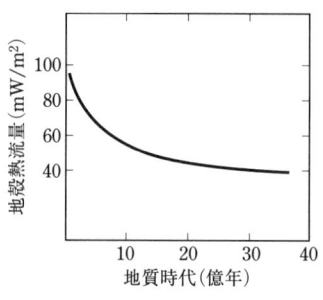

図 1.8　地質年代と地殻熱流量の関係

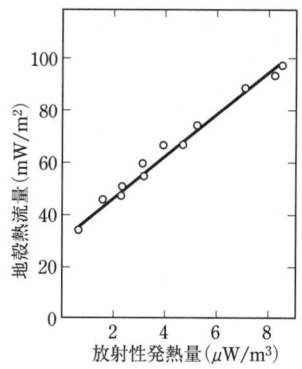

図 1.9 放射性発熱量と地殻熱流量の関係

相当すると考えてもよい)が高温化し，それが冷却する過程は熱伝導問題として単純化でき，冷却のスピードはプレートの厚さに規定され（地殻熱流量 $\propto$ 厚さ/$\sqrt{時間}$），図 1.8 に示されているような場合，プレートの厚さは 250 km 程度が想定される．このことは逆に，熱的にいえば，地質活動が活発なときには，それ以前からマントル深部からの熱供給が増加し，その上部のプレートが加熱されている状態といえるだろう．プレートが加熱されれば，岩石は延性的になり，プレートの変形も進みやすくなり，造山運動の起こる原因ともなろう．

陸上の地殻熱流量の 2 つ目の特徴は，地殻上層の岩石の放射性熱源分布と強い正の相関があることである．図 1.9 に示すように，同じような地殻活動地域の内部の場合（特に花崗岩地域において），地殻熱流量と表層の花崗岩の放射性発熱量との間には極めて強い線形関係がある (Fowler, 2005)．複雑な自然界で，このような単純な関係が存在することに驚きを感じる．放射性発熱量と地殻熱流量とが正の相関を持つことは十分予想されるが，図 1.9 のような線形関係が存在することはどのような意味を示しているのだろうか．ここでは，単純な放射性熱源分布を仮定することにより，線形関係の示す意味を考えてみたい．なお，同じ花崗岩内ではより浅部ほど放射性熱源の含有量が多いという経験的な関係を前提として考えることにし，線形関係を満たす単純な放射性熱源量の深さ分布として，図 1.10 に示すような (a) 一定モデル，(b) 線形モデル，(c) 指数関数モデルの 3 つを考えてみることにする（上田・水谷，1986）．モデル (a) と (b) が線形関係を満たすことはほぼ自明である．そこで，モデル (c) が線形関係を満たすことを以下に示すことにする．

いま，地殻熱流量と放射性発熱量の線形関係を

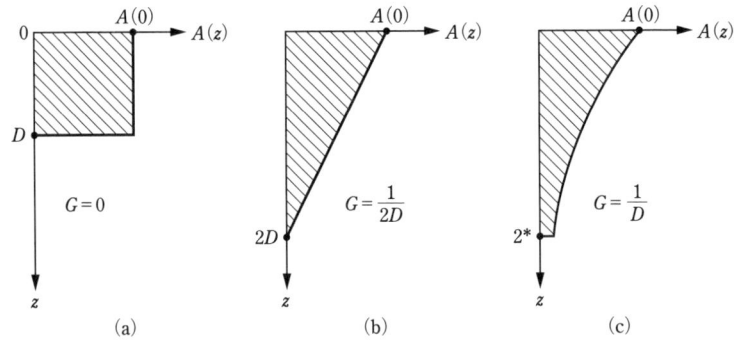

図 **1.10** 放射性熱源の深さ分布（上田・水谷，1986）

$$Q_\mathrm{s} = A(0) \cdot D + q \tag{1.6}$$

と表現する．ただし，Q_s は地殻熱流量，$A(0)$ は地表における岩石の放射性発熱量，D は線形関係における傾き，q は切片を示す．ここで，地殻では，ある深さ z^* まで放射性熱源が集中的に分布しており（その部分を放射性発熱層と呼ぶことにする），その深さ分布を $A = A(z)$ とし，放射性発熱層以深から上昇してくる伝導熱流量を q^* とする．いま，定常状態を仮定すると，地殻熱流量 Q_s は

$$Q_\mathrm{s} = \int_0^{z^*} A(z)dz + q^* \tag{1.7}$$

と書くことができる．

モデル (a) では，放射発熱量 $A(0)$ が深さ D まで続いているとすれば，式 (1.6) を満たし，モデル (b) では，地表の放射性発熱量が $A(0)$ で，深さに伴って直線的に減少し，深さ $2D$ で 0 になっていれば，式 (1.6) を満たすことは容易にわかる．それではモデル (c) の場合はどうであろうか．この場合，

$$A(z) = A(0)\exp\left(-\frac{z}{D}\right) \tag{1.8}$$

とし，式 (1.7) に式 (1.8) を代入すると，

$$Q_\mathrm{s} = A(0) \cdot D + q^* - D \cdot A(0)\exp\left(-\frac{z^*}{D}\right) \tag{1.9}$$

上式において，z^* を D（多くの地域で 10 km 程度が得られている）に比べて十分大きくとると（たとえば，地殻の平均的厚さである 30 km）とすると，式 (1.9) の右辺第 3 項は無視できる程度に小さいことがわかる．したがって，

$$Q_{\mathrm{s}} = A(0) \cdot D + q^{*} \tag{1.10}$$

となり，モデル (c) の場合でも，十分に式 (1.6) を満たす．式 (1.10) を式 (1.6) と比較すると，$q^{*} = q$ となり，q はマントル熱流量（マントルからモホ面を通って地殻内に流入する伝導熱流量）に相当することがわかる．

以上のように，いずれのモデルでも，観測された地殻熱流量と放射性発熱量とは線形関係を満たしている．それでは，いずれのモデルがより現実的であろうか．花崗岩が地表に露出しているということは，地下深部でゆっくり冷えたマグマが固結し花崗岩となり，その後隆起したことを示しており，地表に達した花崗岩は侵食を受けていることになる．すなわち，式 (1.6) は，侵食が発生しても（場所により侵食の程度に違いがあったとしても）成り立つようなものでなくてはならない．このような観点からモデルを調べてみると，モデル (a) および (b) では，直線上のある場所にあった観測値は，侵食が進むにつれ，直線の下側にずれてくることになる．すなわち，場所によって，ある時点で直線関係にあっても，侵食の程度が異なり時間が経つと（侵食が進むと），直線関係が成り立たないことがわかる．一方，モデル (c) の場合はどうであろうか．侵食が発生しても，観測値は直線上を左斜め下側に進み，値そのものは変化するが，依然として観測値は直線上に乗っている．このように，モデル (c) は唯一の解とはいえないが，観測された現象を，想定しうる地学環境下において，比較的簡単に説明しうるという点でより優れたものといえる．後に，ボーリング坑から採取した岩石の放射線発熱量の深さ分布を求めた研究がなされたが，その結果は指数関数的分布で十分説明できること，あるいは，放射性元素のうちでも主要なウランやトリウムは原子半径が大きく，マグマが固結する過程で，固相中よりも液相中に残りやすいことを考えると，より浅部ほどウランやトリウムなどの放射性熱源が集中することをよく説明できる．このように考えると，花崗岩内の放射性熱源の深さ分布から，上部地殻の形成過程を議論する可能性が生じてくるが，ここではこれ以上は深入りしないことにする．

大陸における地殻熱流量の特徴的な性質の 3 つ目は，地殻が厚くなるほど，地殻熱流量が小さい（あるいは地殻が薄くなるほど，地殻熱流量が大きい）という現象である（図 1.11, Fowler, 2005）．これは，地殻内の岩石に，放射性元素がより多く含まれているということを考えると，一見矛盾しているように見えるが，以下のように説明される．

いま，地殻の厚さが一定のある広がりを持った領域を考えることにする．こ

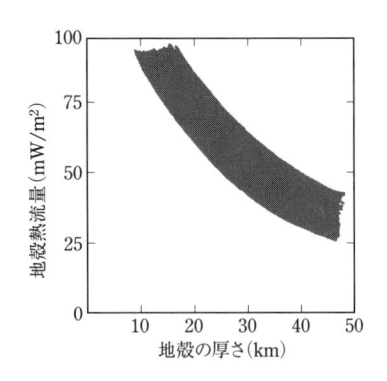

図 **1.11** 地殻の厚さと地殻熱流量の関係

の地殻底のある部分に下方のマントルから熱が付加されたとしよう．このとき多くの場合は熱だけでなく物質を伴っていると考えられる．熱いマントル物質が下から上昇してきた領域においては，地殻内が温められるとともに上に押し上げられることにより，地殻は水平方向に延び広げられる．すなわち，地殻が薄くなるとともに，より熱くなり，したがって地殻熱流量も多くなる．このようにマントル物質の上昇により，地殻が温められるとともに薄く延ばされるような現象が生じれば，地殻が薄いほど，高い地殻熱流量が生じる．

以上述べたように，地殻熱流量の測定は，単に地殻が熱いかどうかだけでなく，地殻の発達を考察するうえでも重要な情報をもたらすことがわかる．

1.3.3.2　海底の地殻熱流量分布

さて，それでは，海底の地殻熱流量はどのような特徴を持っているだろうか．第1の特徴は，海底年代 t とともに，地殻熱流量の平均値が $1/\sqrt{t}$ で減少していくことである（図1.12）．これは海嶺で形成された熱いプレートが左右に移動していくなかで，熱伝導的に冷却するとすれば説明できる．この時間とともに地殻熱流量が減少していくという現象は，大陸における地殻熱流量でも見られた．しかし，大陸と海底とで大きく異なるのは，減少の速さであり，大陸の場合は十数億年をかけてほぼ一定の値に近づくのに対して，海底の場合は，その10分の1の1億5000万年程度で，ほぼ一定値に近づくことである．この差はいったい何を意味するのであろうか．双方の地殻で熱拡散率が大きく異なることは予想されないため，異なる原因は，熱伝導的に考えると，冷却に関わるプレートの厚さによると考えられる．図1.12の時間的変化を説明するためには，

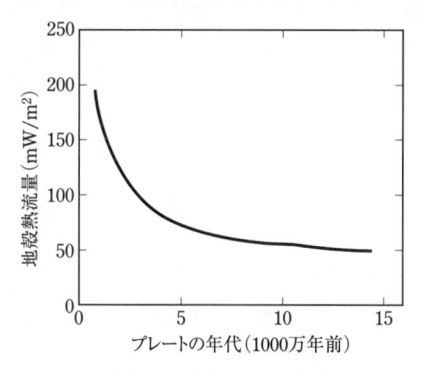

図 1.12 海底年代と海底地殻熱流量の関係

海洋プレートの厚さが 70 km 程度であればよい．すなわち，海洋プレートの厚さは大陸プレートの 1/3 程度であり，熱伝導の観点からいえばその 2 乗で速く冷却することになる．すなわち，冷却に要する時間は海洋の場合，1 ケタほど速くなることになる．これが，地殻熱流量の冷却において，大陸の場合，15 億年程度要したのに対し，海底の場合，1 億 5000 万年程度で実現することの説明といえよう．ただし，ここでは，プレート中に含まれる放射性熱源の時間的変化については特には考慮していない．より厳密には，それを考慮に入れる必要があろう．

　海底地殻熱流量の 2 つ目の特徴は，海底熱流量が海嶺から離れるにつれて次第に小さくなり，この変化パターンは海底地形とよく似ていることである（図1.13）．すなわち，熱流量の高い海嶺近くでは，海底が盛り上がっており（水深が浅い），一方，海嶺から離れるにつれて，熱流量が低くなるとともに，海底地形が低くなる（水深が深くなる）．このような熱流量と海底地形（水深）との対応は，地下（プレート）温度の違いによって説明される．すなわち海嶺近くほど温度が高く，したがって地殻および最上部マントル（プレートに相当する）は膨張しており，海嶺から遠ざかるに従って温度が下がり，地殻および最上部マントル（プレートに相当する）が収縮すると考えられるのである．実際にそのような考えで，海底地形が十分説明されることが示されている．なお，ハワイ島のようにホットスポット直上においては，マントルからの高温物質の上昇により，海底年代から推定される一般的傾向より熱流量が高くなるとともに，海底地形も盛り上がっている．

　海底熱流量の 3 つ目の特徴は，海嶺から水平的に移動するに従ってプレート

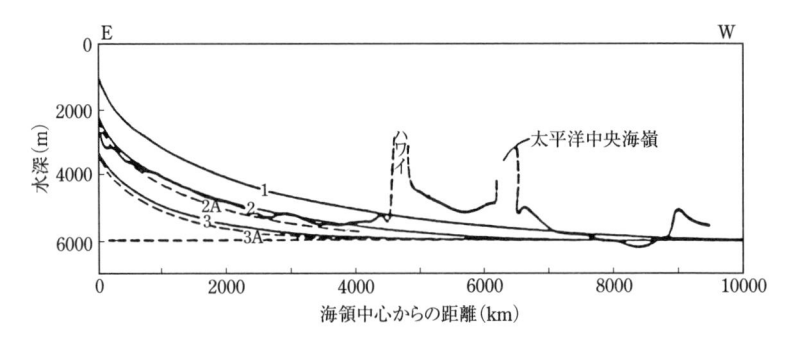

図 **1.13** 海底地形と海底地殻熱流量の関係 (Sclater and Francheteau, 1970)
図中の数字はパラメータの異なるモデルを示す.

は冷却し，したがって熱流量は次第に下がり，海溝地域で最も低くなった熱流量が，日本海，オホーツク海，沖縄トラフ等の縁海域で再び大きくなることである．場所によっては，海底から高温（400°C 程度）の熱水が噴き出す海底地熱地域を形成していることである．このような熱水噴出地域の周辺で地殻熱流量を測定すると，W/m^2 オーダーの異常に高い熱流量を示すことが知られている．この場合は，地下深部から上昇してきた地殻熱流量というより，地殻浅部のマグマにより，海底下に熱水系が形成され，対流によって生じた大きな熱流量が海底近くの粘土質の堆積層内で熱伝導に転化したものと理解される．陸上の噴気地域周辺で，地殻熱流量に比べると異常な高伝導熱流量が得られるのと同じである．このような異常に高い海底熱流量は上述の沖縄トラフなどの縁海だけではなく，鹿児島湾奥の海底カルデラ地域である「若尊カルデラ」でも観測され，詳細な熱流量分布が得られている（図 1.14）．また，高地殻熱流量が観測される地域の中心部では，海底から温度 200°C の高温熱水が噴出していることが確認されている（現場写真 2）．

1.3.3.3 火山地域の地殻熱流量分布

火山地域の地殻熱流量は周辺地域に比べ当然大きいことが予想される．既に述べたように，大陸地域の地殻熱流量も，より新しい地質年代の地域（新生代，今からおよそ 6000 万年前以降）ほど熱流量値が大きいことが知られている．第四紀（今からおよそ 260 万年前以降）の火山地域は大きく分けて新生代の中に含まれる．火山地域の地殻熱流量を考える場合，注意を要することがある．それは，火山地域では地下数 km 深には高温のマグマがあり，これが熱源となって，地殻上部に熱水対流系を発生させていることである．この熱水対流系の発

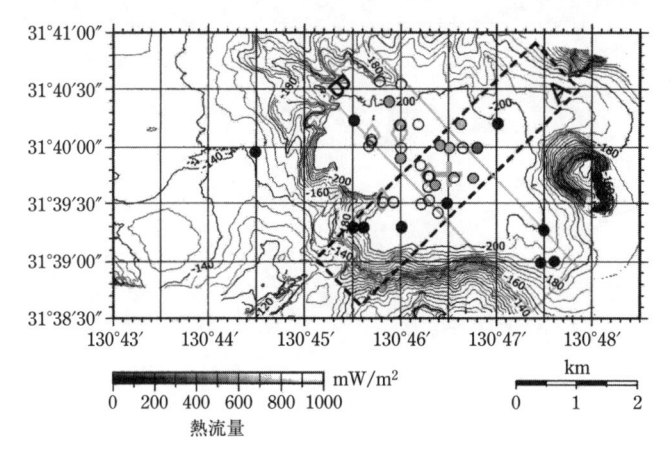

図 1.14 海底地熱活動と高海底地殻熱流量（藤野ほか，2014）

現場写真 2

母船から切り離された有人潜水艇．このような潜水艇により肉眼で海底地熱地域からの熱水噴出が確認されている．

達により，より深部から上昇する伝導的な地殻熱流量は再配分されるので，火山地域周辺で測定した熱流量から深部構造を熱伝導的に推定することができないことがある．したがって，火山地域深部の伝導的な熱構造を解明するためには，熱水対流系の影響を受けていない熱流量を使用する必要がある．個々の温度プロファイルを慎重に検討し，熱水対流系の影響を受けていない熱流量のみを利用して，火山地域周辺の地殻熱流量分布を明らかにした例として，大分県の九重火山地域がある．

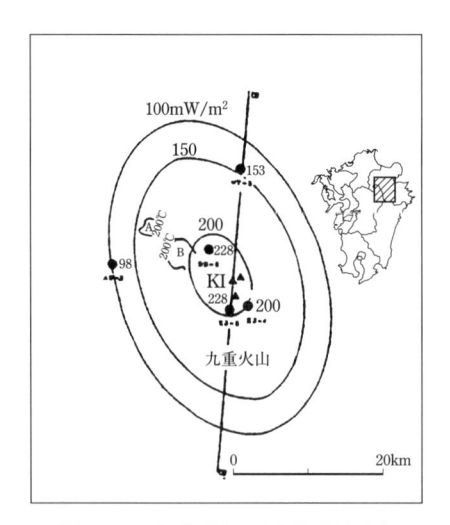

図 1.15 九重地域の地殻熱流量分布

　九重火山地域では地熱開発のための 100 本を超える多くの調査井が掘られ，温度が測定されているが，そのほとんどが熱水対流系の影響を受けており，地殻熱流量としては使えないことがわかった（江原，1984）．そのような吟味を通じて，地殻上層からの伝導熱流量と判断された熱流量値（地殻熱流量値）のみに基づいて分布図を描いたものが図 1.15 である．これによると九重火山中心部をほぼ中心として，南北方向に長い長楕円状の $100\sim250\,\mathrm{mW/m^2}$ の高熱流量地域が存在しているのがわかる．東西約 20 km，南北約 30 km の範囲が高熱流量地域になっているが，この領域はおおよそ九重火山を構成するドーム状火山体の分布する地域と一致しており，この高熱流量地域は九重火山下のマグマを反映している可能性が高い．この地域内にはわが国最大の地熱発電設備容量（11万 2000 kW）を誇る八丁原地熱発電所が存在しているが，そこに存在する熱水対流系による局地的高温部（地下 1500 m 深で 200°C 以上）の広がりはたかだか 5 km 以内であり（図 1.15 参照．B で示した領域．なお A で示した領域は岳潟地域），上で示した広域に広がった伝導的高熱流量地域に比べて，明らかに狭い領域に限定されている．
　この九重火山周辺の高熱流量を説明するため，まず定常状態を仮定した 2 次元熱伝導的温度分布を求めた（江原・橋本，1992）．その結果得られた地殻内温度分布は，地下 4〜5 km 程度で 1000°C に達するものであった．すなわち，この深度で溶融あるいは溶融に近い状態を予想させるものであった．一方，九

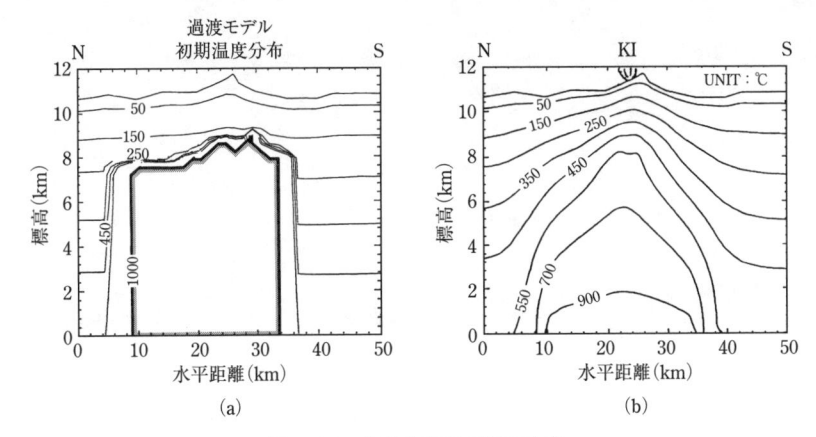

図 1.16 九重火山下の温度分布
(a) 初期温度分布, (b) 現在の温度分布.

重火山地域での地震観測結果によると (江原, 2007), 九重火山中心部地下 4～5 km を通過する地震波は, その P 波および S 波において特別な減衰を示さないことが明らかにされていた. すなわち, 定常状態を仮定して求めた地下温度分布はあまりに高すぎることを示していた. そこで, 次に, 非定常状態を仮定した 2 次元伝導的温度分布を求めることにした. 九重火山の噴火史によると, 最も新しい大規模噴火 ($5\,\text{km}^3$ 程度の火砕流を噴出している) は今から約 5 万年前に発生しており (鎌田, 1997), 噴火時には地下浅部まで発達していたマグマは, その一部を噴出したが大部分はそこに残り, その後熱伝導的に冷却し, その結果として周囲の地殻を温め, 現在の高地殻熱流量を示しているものと考えられた. そこで, 今から 5 万年前の温度分布 (初期温度分布) の形状を種々に仮定し, 5 万年後の温度分布そして熱流量を計算し, 観測されている熱流量と比較した (図 1.16 に, 観測された熱流量をおおよそ説明する初期温度分布および現在の温度分布を示した). その結果によると, 今から 5 万年前の火砕流噴火開始時には, マグマの上面は地下 4 km 程度までに広がっていたことが推定された. そして, 現在 (冷却開始 5 万年後) の温度分布は地下 5 km 深程度で 400～700°C 程度であり, 現在の高熱流量を説明することができるとともに, 温度分布からは地震波の特別の減衰は想定されず, 地震波の通過が容易な溶融あるいは溶融に近い状態の存在を認めるものになっている. このように, 精査された地殻熱流量値と熱伝導的解析から, 火山活動史を満たし, かつ, 現在の地下の熱的状態をも説明する地下熱構造モデルを作成することができる. なお, 得ら

れた初期温度分布の上面形状は，基盤岩の形状および地形にほぼ相似しており，マグマの存在が基盤岩の形状に影響を与えているといえる．このことから，マグマの上昇が基盤の形状を変形させた可能性が考えられる．火山が一般に基盤の高いところに形成されているとの指摘がなされることがあるが，むしろ，マグマの上昇が基盤の上昇をもたらしたのではないかと推定される．このように熱的な問題はテクトニクスと結び付けて考えることができ，このような分野の進展を今後の研究に期待したい．

第2章
火山の熱

　火山は噴火するのが第1の地学的特徴である．しかし，数十万年間にも及ぶその寿命のなかで，噴火活動は稀な現象であり，その寿命の大部分は，マグマからしずしずと熱伝導的に周囲，特に上方に熱を放出しているのである．そして，その上昇した熱は地殻中の水を加熱し，最終的には火山体の表面から，噴気，温泉，そして熱伝導により大気中に放出されている．

2.1　プレートテクトニクスと火山

　マグマの形成はプレート運動と密接に関連している．ハワイの火山のように，プレート運動とは無関係に形成される火山もあるが，日本列島の火山はそのほとんどがプレート運動と密接に関係しているといえる（なお，日本列島においても，雲仙火山のように，現在のプレート先端からかなり離れた位置に形成されているものもあり，個々に火山体の形成を論じる必要があるものもある）．以下では，プレートと火山の存在の関係から始めることにしよう．

2.1.1　プレートと火山の存在
　プレートの相互運動から，プレート相互の関係は基本的に3つに大別される（図2.1）．1つ目はプレートが生産され両者が離れていく場合，2つ目はプレートが相互に接近する場合で，衝突する場合と接触しながらずれる場合がある．3つ目は相互の運動がなく互いにすれ違う場合である．1つ目の例は，海嶺地域であり多くは海底であるが，アイスランドのように海嶺が陸上に頭を出す場合もある．これらの地域にあるのは主として玄武岩質（SiO_2含有量が少なく，粘性が小さく，溶岩はさらさらと流れる）の火山である．ハワイの火山も玄武岩質火山であるが，この火山形成はプレート運動とは直接関係なく，マントル上部に形成された高温部（ホットスポットと呼ばれる）からマグマが地上にもた

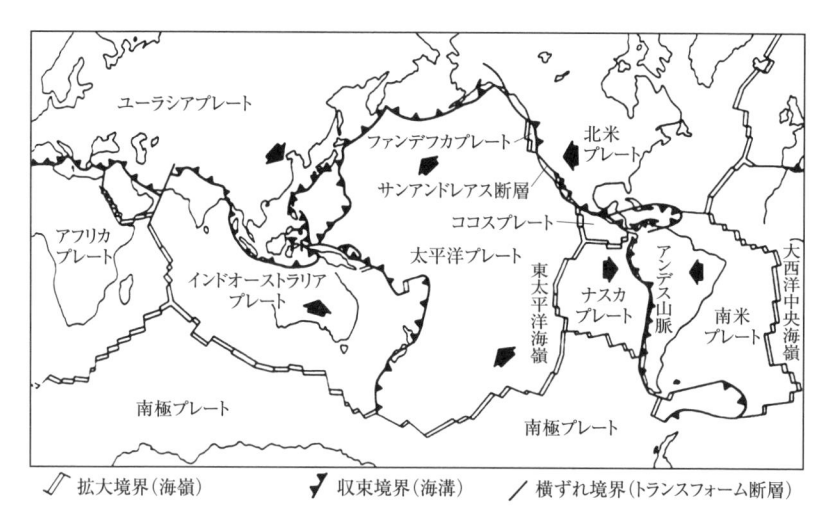

図 2.1　プレート相互の運動の様子（米国地質調査所の Warren Hamilton による）

現場写真 3

広大な中国東北部の平野に広がる玄武岩溶岩流．

らされたものである．中国東北部の地域にも玄武岩噴出地域（現場写真3）があり，この場合は，プレートの沈み込み運動に関連して，2次的に高温物質の上昇ゾーンが形成され，火山活動が励起されたのではないかと考えられている（江原ほか，2003）．3つ目のプレートがすれ違う部分（トランスフォーム断層が存在する部分）では，火山は形成されないようである．われわれに特に関心のある火山は2つ目のもので，そのうちでも，海洋プレートが大陸プレートの下に沈み込むプロセスに伴って形成される火山で，その多くが安山岩質火山である．以下では，これらの火山に絞って議論していこう．

2.1.2 プレートの沈み込みと火山の発生

日本列島の火山は東北日本火山帯と西南日本火山帯に大別される．東北日本火山帯は，太平洋プレートが日本列島を載せたユーラシアプレート（一部は両プレートの間にある北米プレート）の下に沈み込むことによって形成された火山帯であり，西南日本火山帯は，フィリピン海プレートが，日本列島を載せたユーラシアプレートの下に沈み込むことによって形成された火山帯である．両火山帯とも，沈み込むプレートが 110 km 程度あるいは 170 km 程度に潜り込んだ直上に火山が形成されている（図 2.2）．

海嶺で形成された新しいプレートは高温で地殻熱流量も高いが（$> 120\,\mathrm{mW/m^2}$），海溝で沈み始めるときには冷えており，地球上の地殻熱流量の平均値 $70\,\mathrm{mW/m^2}$ 程度に比べ，海溝沿いの地殻熱流量は $40\,\mathrm{mW/m^2}$ 程度と地球上で最も低くなっている．冷たいプレートが沈み込むのに，なぜ海溝背後の弧状列島およびさらに大陸側の縁海で，火山あるいは高熱流量地域が形成されるのであろうか．当初は，沈み込む海洋プレートと大陸プレートの間に摩擦が発生し，摩擦熱が火山の源になるのではないかと推定された．しかしながら，数値的に検討してみると，確かに摩擦熱は発生するが，その熱はほとんど冷えたプレートを温めるのに使われ，とても火山活動を生じるのは困難なことがわかってきた．そして，その後，以下のことが推論された．

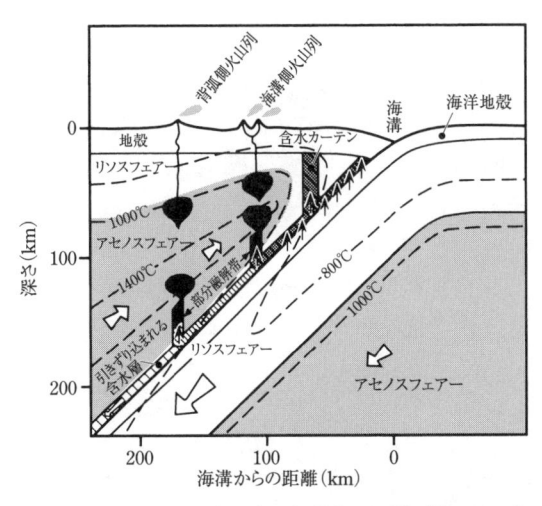

図 **2.2** プレートの沈み込みと火山の関係（巽，1997）

沈み込む海洋プレート上部には，含水鉱物が多く含まれ，一定の圧力（深度）に達すると脱水反応が発生し，その水は上部にある固体のマントルに供給される．水が供給された固体マントルでは融点が低下し（実験により，水が付加されると岩石の融点が下がることが示されている．水が付加されることにより，岩石を構成するシリカの結合が切れると説明される），微小なメルト（溶融物）が形成される．このメルトが次第に集積しながら上昇し，その上部の地殻との密度差により地殻底あたりに溜まり，地殻を加熱することになる．この加熱およびマントルからの玄武岩質マグマの直接的供給により，地殻上部に溶融体の塊すなわち，マグマが形成され，その深度は5〜20 km程度と推定される．このマグマ溜りから地表にマグマが放出されれば噴火となる．しかし，数十万年以上というマグマの寿命からすれば，マグマが地表に放出されるのはごく限られた時間であり，マグマはその寿命を通じてほとんどは停滞しており（あるいは蓄積されているといってもよい），周囲，特に上方に熱を放出し続けることになる．なお先に，火山が2列形成され，それは異なる脱水反応がプレートの深度110 km程度と170 km程度の2ヵ所で発生することによるとの説（巽，1997）を述べたが，このようなプレートの沈み込みに伴う火山活動の生成についての議論は，まだ確定した議論とはなっておらず現在も進行中であり，興味ある読者は，その分野の研究の進展を追っていただきたい（たとえば，川本，2013）．

2.2　火山の下の熱構造——マグマ溜り

さて，上記では，地殻上層にマグマ溜りが形成されることを示したが，地殻上層にマグマ溜りが存在することはどの程度確かなことであり，存在するとした場合，そのマグマ溜りはどのように検出されるのだろうか．

火山の噴火によっては，一連の噴火の開始期と終了期とでは，噴出するマグマの化学成分が異なっている場合がある．たとえば，噴火の開始期に白っぽい火山灰が噴出し，終了期に黒っぽい火山灰が噴出したことが知られている．一般に白い火山灰はシリカ成分が多くて密度が小さく，黒っぽい火山灰はシリカ成分が少なくて密度が大きい．これはマグマがマグマ溜り内で分化し，マグマ溜りの上方に密度の小さい白っぽいマグマ，マグマ溜りの下方に密度の大きい黒っぽいマグマが存在した結果と推定されている．このような現象は，一定の領域に一定期間存在したマグマ溜りの中で，分化が生じたためと考えられ，そのようなマグマの領域，すなわちマグマ溜りが存在することを示していると考え

られる．また，噴火時に短時間内で数 km^3～1000 km^3 に達する多量のマグマを噴出するためには，噴火直前には，一定量以上の領域に溶融物質が存在している必要があると考えられ，これもまたマグマ溜りが存在することの傍証となっている．

また，火山噴火に伴って，火山体が大きく沈降することが知られているが，その一方で，噴火前にマグマが蓄積し火山体が膨張する現象が知られており，このことも火山体地下にマグマを溜める領域，すなわちマグマ溜りが存在することの傍証といえる．このようなマグマの存在，あるいはマグマ溜り内でのマグマの分化の議論は，最近，特にカルデラ噴火に伴う議論の進展のなかで，より実証的に議論されている（前野，2014）．

2.2.1 マグマの検出

さて，マグマ溜りが存在する場合，それはどのような手法で検出されるだろうか．それは主に，地球物理学的な手法によるだろう．溶融したマグマ溜りは液体であり，周辺の固体の岩体（母岩）に比べ，密度が小さく，種々の物性が大きく異なると予想される．したがって，物性の違いからマグマを検出することが考えられる．その際，最も有効なのは地球物理学的な手法のうち，最も分解能の高い地震学的手法であろう．以下では，いくつかの火山で適用された結果について述べる．

まず，個々のマグマというより，火山体地下の溶融部分を含む広い領域の高温部分の検出の例を，アメリカ・イエローストーン地域について示す（横山ほか，1979）．イエローストーン地域はホットスポット地域としても知られ，地殻・マントル上部が広域にわたって高温であることが予想される．図 2.3(a) にイエローストーン地域における，楕円状の重力急傾斜部，震央分布および P 波吸収ゾーン（場合によっては，S 波が消失する領域）を示すとともに，図 2.3(b) にその地震波速度構造を示した．P 波吸収ゾーンあるいは S 波消失ゾーンは，高温というだけでなく，岩石の軟化さらには溶融体の存在を暗示する．また，地震発生領域が，これらの地震波速度異常ゾーンを避けて存在しているように見えることも，地震発生領域は相対的に低温で脆性破壊領域になっているのに対し，地震波速度異常ゾーンは高温さらには溶融しているため延性領域になっていることを示していると考えられる．重力急傾斜部はこの部分で密度構造が急激に変化していることを示しており，存在するカルデラ構造を考慮すると，カルデラ壁のようなものに対応しており，カルデラ中心部ではカルデラ形成に伴

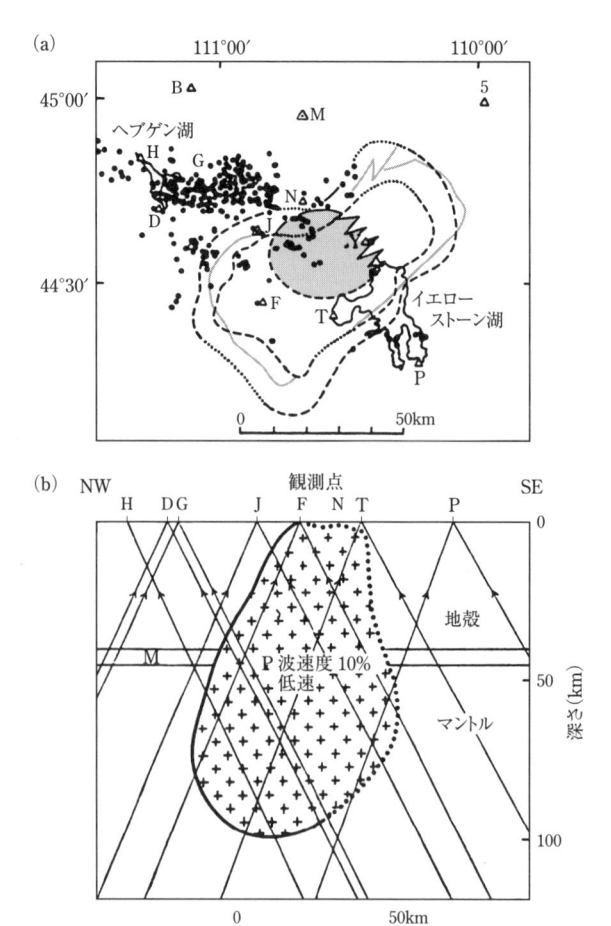

図 2.3 米国イエローストーンカルデラ地域の重力・震央・P 波吸収分布 (a) と地域下の地震波速度構造 (b)

矢印のついた直線はこの断面内の地震波線を示す．M と記した帯の幅は地殻の厚さの不確定さを示す．低速度帯を囲む実線は明確な境界，破線はややあいまいな境界である．

う陥没が発生し，陥没部分には火山噴出物が埋積していることを示すものと考えられる．なお，カルデラ中心部の重力低異常には火山噴出物による低密度だけではなく，高温あるいは溶融による低密度化も反映されている可能性がある．図 2.3(b) の地震波速度構造からは，火山下（あるいはカルデラ下）に地殻だけでなく，マントル上部にもわたって広い範囲に P 波の低速度領域（10%低下）

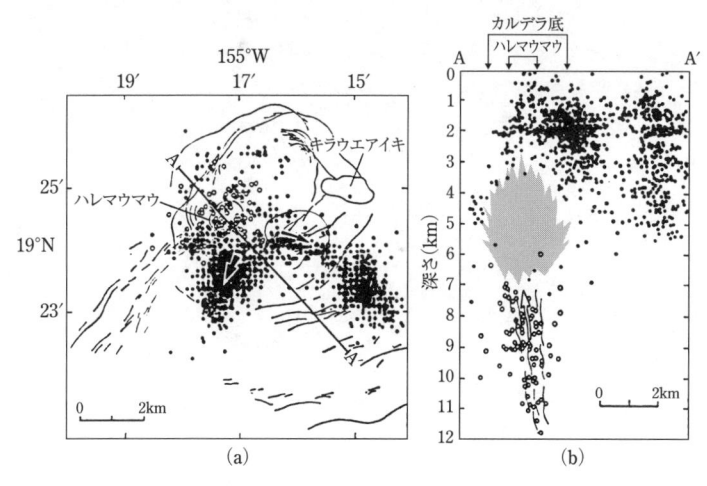

図 2.4 ハワイ・キラウエア火山下の地下構造 (横山ほか, 1979)

が存在していることを示している．この地震波異常領域はマグマ溜りそのものの存在を反映しているというより，マグマ溜りを含む高温領域を示していると考えるべきであろう．なお，本地域の地震波速度構造は遠地地震波を使ったものであり，必ずしも高分解能な結果とはいえないが，地上の火山の存在が地殻だけでなく，マントル上部の構造とも密接に関係していることを示しているもので極めて興味深い．

図 2.4 はもう少し浅部のマグマ周辺の地下構造を示したものである．対象地域はハワイ島のキラウエア火山である．図 2.4(a) は平面図であり，カルデラ構造の概略を示すとともに，震央分布が地震波の特徴ごと（●印は普通の地震，○印は周期の長い地震）に示されている．これら 2 種類の地震波の特徴が意味するところは図 2.4(b) の断面図を見るとよく理解できる．これを見ると，地表から 3 km 程度までに普通の地震が発生しており，3 km から 7 km 程度の深さには地震が発生しておらず，7 km から 12 km 程度の深さに再び地震が発生しているが，この深い地震の地震波形はいずれも周期が長いことが特徴である．これらの結果は以下によると考えられる．深さ 3 km から 7 km の範囲には地震が発生していないが，ここはマグマが存在しているか，マグマに加熱され延性的になっている領域（以下，マグマ領域と表現する）と考えられている．このマグマ領域の下で発生する地震はこのマグマ領域を伝播する際，地震波の短周期成分が選択的に減衰するため，地表の地震計で観測すると長周期成分が卓越する

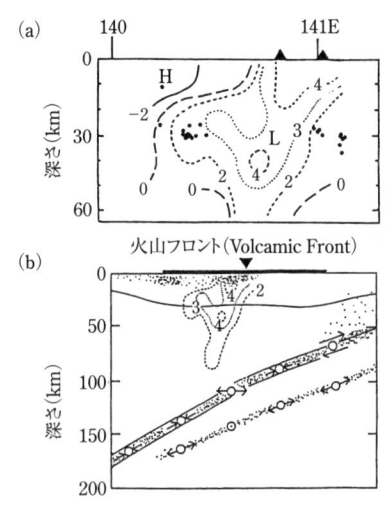

図 2.5 東北日本弧下の地震波速度構造 (Matsuzawa et al., 1986)
図中の数字は地震波速度が標準的なものに比べ何%低下しているかを示す．

ように見えると考えられる．このようなマグマ溜りあるいはマグマ領域の存在は，噴火に伴って火山体は膨張や収縮を示すが，そのような変化の圧力源がおおよそそれらの深度に想定されることからも支持される．

図 2.5(b) は日本列島東北日本弧下の火山下のやや広域の速度構造を示したものである．沈み込むプレートが折れ曲がるあたりから立ち上がった低速度領域が上方に進展し，それが地表に到達するあたりに火山が生じていることが見て取られ，火山の形成がプレートに起因していることをより具体的に想像させる．図 2.5(a) は，より上部の速度構造をより詳細に示したものであるが，個々の火山の下に特に低速度領域が発達しているというより，低速度領域が個々の火山を含む領域全体に広がっていると考えた方がよさそうである．そして，低速度領域が地表に到達したところに火山が存在すると考えることができる．地震が起こると地下の応力が解放され降下するのが通例であるが，このとき応力測定により得られる応力降下量をストレスドロップと呼ぶ．図 2.5(a) で興味深いことは，モホ面付近に，普通の地震に比べて，地震時のストレスドロップの小さい地震（図中●印）が集中して発生していることで，これらは普通の地震（脆性破壊により発生）というより，流体の運動が関与した地震ではないかと推定されており，個々の火山の地殻上部に存在するであろうと推定されるマグマ溜りへの供給源になると考えられる．

2.2 火山の下の熱構造——マグマ溜り　41

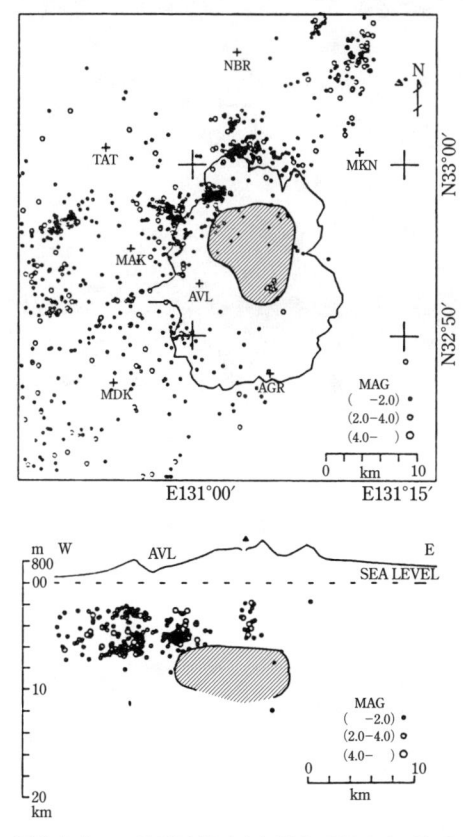

図 2.6 阿蘇火山下の地震波低速度領域と震源分布（須藤，1988）

図 2.6 には阿蘇火山下の低速度領域と震源分布が示されている．これによると，地震波低速度領域は深さ 8 km から 12 km 程度の深さに，水平方向 10 km 程度の規模で存在している．そして，この領域では地震の発生はなく，地震活動は低速度領域の上部で発生している．阿蘇火山の場合，マグマ溜りと推定される低速度領域の下には地震発生は知られていないが，マグマ溜りと地震発生ゾーンの関係はキラウエア火山の場合とよく似ている．

図 2.7 には九重火山地域下における地震波速度構造の特徴を示した．この九重火山地域には，その中心部に九重硫黄山と呼ばれるわが国でも最も活動的な噴気地域が存在するとともに，その北西 5 km にはわが国最大の八丁原地熱発電所（設備出力 112 MW）が存在している．図 2.7 はその両者を横断する断面

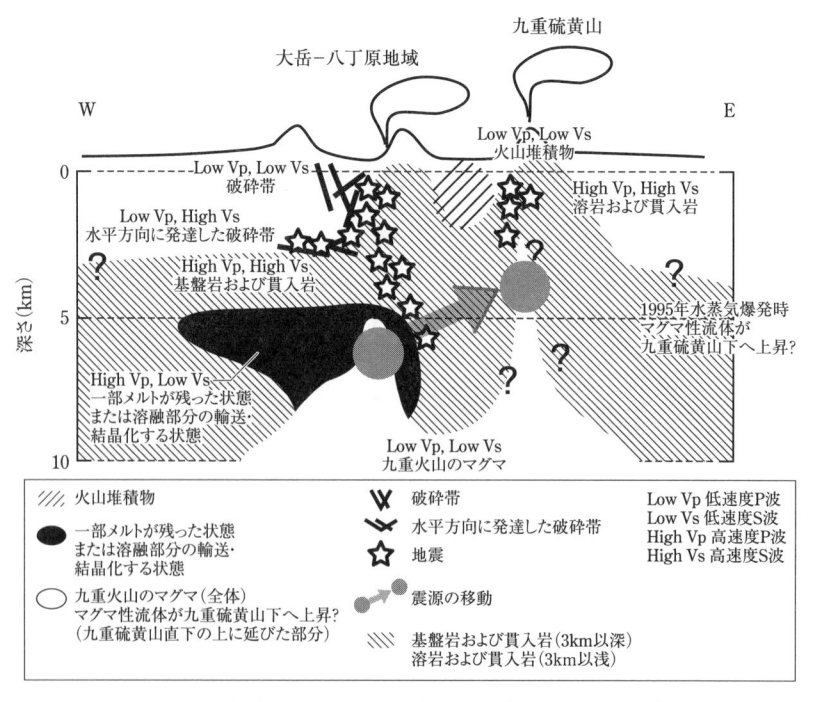

図 2.7 九重火山下の地震波速度構造（吉川ほか，2005）
1995年に水蒸気爆発が発生したが，噴火前に震源が大岳・八丁原地域の深さ6km程度から九重火山の深さ4km程度に移動したことが知られている．

における地震波速度構造を示している．本地域では浅部に地震波が比較的遅い領域があり，その下に高速度領域が広がっている．そして，九重硫黄山がある九重火山中心部および大岳・八丁原地熱地域の地下には，高速度領域の下に低速度層領域が存在すると推定されている．これらの低速度領域はマグマ溜りに対応していると推定される．2つのマグマ溜りはさらに深部では1つになっている可能性がある．そして，これらのマグマの存在は，図1.15で示された，地殻熱流量から推定された高温領域とよく一致している．

2.2.2 熱源としてのマグマ

マグマはそれが地上に出てくると噴火となるが，その数十万年以上といわれる寿命のなかで噴火現象は稀な現象であり，ほとんどの期間はその熱を周囲，特に低温境界である地表に向けて放出することになる．そして，冷却過程のなか

で，ある時期にはマグマから分離されたマグマ性流体（90%以上はH_2O）に伴う熱放出が主要な期間があると考えられるが，その後のかなりの期間は熱伝導によるものであろう．マグマ溜りはいったん形成されると，その後新たな供給がないわけではなく，ある期間にわたって定常的に供給される不変なものと考える必要はない．むしろ，非噴火時には比較的一定の割合でさらに深部からマグマが供給され，一定程度蓄積後，噴火によってある量が噴出され，噴火後再び蓄積が始まると考えられる．噴火時に放出されるマグマは，蓄積されているマグマ溜りのどの程度の割合かは噴火前のマグマの体積がわからないと正確には求められないが，カルデラ噴火の場合に関する地質学推定から，10%程度が放出されるのではないかといわれている (Smith, 1979)．すなわち，噴火によってマグマ溜りのすべてが空になるというようなことは想定しにくく，したがって，大規模な噴火があっても，一定の体積のマグマ溜りが存在し続け，熱源としてもマグマは長期間安定して存在すると考えることができる．

2.3　火山地域における地熱系の発達

前節で述べたように，マグマ溜りは地殻上層に存在し長期間存在することによって，地殻上層を温めることになる．新たなマグマが供給された後，一定期間はマグマから脱ガスしたマグマ性流体の放出による火山体の加熱も考えられるが，それは火道とその周辺に限られるであろう．そのような加熱だけでは火山体地下が広範囲に加熱されることにはならないので，広域の地熱系（ここでは熱水が関与する地熱系を議論しているので「熱水系」といってもよい）が発達することはないと考えられる．このような実例として，マグマ噴出活動は活発であるが熱水系の発達が限定的で，火山体形成年代が比較的若い（2万5000年程度）桜島火山が挙げられる（小林，2014）．火山体地下に広域の熱水系が発達するためには，長期間にわたるマグマによる加熱が必要と考えられる．また，マグマの深度が20 km程度と深い場合は，地殻上層で広範囲に熱水系が発達するような温度状態にはならないと考えられる．このような実例としては，活動年代は約40万年程度と長いが，マグマの深さが20 km程度と深い富士火山が挙げられる．ただし，富士火山の場合，火山体が透水性の悪い溶岩流と火砕流等の透水性の良い地層が互層となっているため，地下に浸透した降水は選択的に透水性の良い浅い地層中を流れ深部にまで到達しない．すなわち，地表下〜3 km程度内に熱水対流系が発達するためには，地下10 kmから数 kmの範囲内

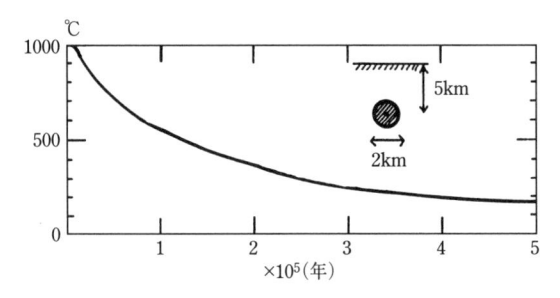

図 **2.8** 球状マグマの冷却の計算例

に熱源としてのマグマ溜りが長時間存在する必要がある．

図 2.8 に 1 つの計算例を示す．これは，球状のマグマ溜りを仮定し，その中心深さが 5 km，直径が 2 km のマグマ溜りが存在し，地表面温度を 0°C としたとき，マグマ中心の温度変化を計算したものである．これによると，熱水系の形成・維持に熱源として 300°C 程度が必要と考えると，30 万年程度は熱水系が維持される．寿命が知られている熱水系のなかには長いものでは数十万年程度継続しているものがあり，また，現在，地熱発電を可能とするような高温の熱水系が維持されているためには，火山活動が今から 100 万年前以降の若いものに限られるということを考えると，地熱発電を可能にするような熱水系が維持されるためには，地下数 km 程度の深さに，直径 2 km 程度以上の熱源が必要であると理解される．なお，熱源が維持され，その上部に熱水系が発達するには少なくとも 10^4 年程度以上が必要といわれており (Rybach and Muffler, 1981)，熱水系が発達するための時間はマグマの寿命に比べて十分短いが，一方，あまりに新しい火山では熱水系が十分発達しないことも理解されるだろう．

2.3.1 地熱系発達の概念とその実証的解明の糸口

上で述べたマグマの存在と地熱系発達の概念に基づいて，ここでは一般的な熱水系発達のイメージを記すことにする．マグマ溜りが一定程度の体積に発達後，マグマの上方にある地殻内は加熱され，10^4 年程度以降に熱水対流が発達し始めることになる．熱水系形成当初は対流する熱水の成分にもマグマ性成分が多く，したがって，地表の地熱地域から放出されるマグマ性成分も多いであろう．しかし，熱水系が発達するなかで，次第に地表水の寄与が多くなるであろう．実際，地熱発電が行われているような多くの熱水系では，関与する水のほとんどが地表水起源（マグマ水の寄与はあっても数%以下）であることが知ら

れている一方，火山体中心部に発達する熱水系ではマグマ水の寄与が数十％あると推定されているものがある．熱水系発達が最盛期になると，多くの場合，地表においても活発な地熱活動が見られることになろう．しかし，やがて熱源温度が低下してくると地表地熱活動は低下し，いつかは地表近くには地熱活動が存在しなくなり，その化石ともいえる熱水変質帯だけが存在することになる．そして，圧力の低下した熱水は地上には放出されず，火山体の地形に沿って地下深部を流下する側方流動のみの状態に転換する．なお，側方流動は熱水系発達の初期よりも，さらに浅部に存在するであろう．

以上のように，地熱発電を維持するような熱水系は，数十万年間という長期間にわたって存在し続けることが可能と考えられる．現在，地熱発電が行われている熱水系の多くはこのステージにあると考えられる．さらに時間が経過し熱源の冷却が進めば，既に地熱発電を行うような高温の熱水は存在せず，地下 3km 程度でも 150°C 以下程度の熱水のみが存在する状態になる．たとえば，大分県由布市のユマタ高原の深さ 1000m 程度で発見された 150°C 程度の熱水の存在が，その一例と考えられる．現在，同所では，地表にはまったく地熱徴候は見られない．そして，さらに熱源の冷却が進めば，既に特別の高温の熱水は存在しなくなり，伝導的な熱の流れが卓越し，やや高い熱流量の地域として認識されるだけになって，熱水系は消滅する．以上が熱水系の発達から消滅までの一般的な過程と考えられる．

以上のような熱水系発達の概念は，熱水系発達の段階の異なる別々の地域の例に基づいて統合的に構成されたイメージであり，同一地域における経時的データに基づいて解明されたものではなく，今後，より多くの実例を集めて，より信頼性の高いモデルを作成し，それを数値モデルにより検証していく研究に期待したい．そのような研究を実施するためには，適当な実地フィールドが望まれる．すなわち地下構造あるいはテクトニクスが類似しており，かつ，火山活動の年代が異なっている 3～4 つ程度の火山が近接してあれば，十分な比較研究を通じて，地熱系発達を実証的に研究できると考えられる．日本列島内ではなかなかそのような格好なフィールドは存在しないが，インドネシア・ジャワ島西部の火山列，メラピ火山–メルバブ火山–ウンガラン火山がこのような研究に適したフィールドと思われ，研究を開始したが未完のまま終わっている．

ジャワ島でも最も活発な噴火活動を続けているメラピ火山の北側約 10km にメルバブ火山があり，さらにその北側 10km にはウンガラン火山が直線的に並んでいる．最も活動的なメラピ火山は地下 10km 程度にマグマ溜りが存在し，

火道周辺に高温領域が存在することが推定されているが，数値計算の結果では，大規模な熱水系はまだ発達していないようである (Udi et al., 2007). 一方，ウンガラン火山は約 50 万年前から活動を開始し，噴火活動は既に停止していると考えられるが，山腹には噴気活動を含む活発な地熱徴候が見られる．この火山においても，マグマの定置に伴う熱水系発達の数値シミュレーションが行われたが，現在大規模な熱水系が発達していることが示されている (Setyawan et al., 2009). 2 つの火山の間に存在するメルバブ火山では，現在，地表地熱徴候は見られないが，火山体に低比抵抗ゾーンが見出されたり，火山体内部で微小地震が発生したりしており，熱水系が発達している可能性が想定される．メラピ火山，メルバブ火山，ウンガラン火山はたがいに近接しており，同様な地下構造およびテクトニクスが想定され，かつ，火山活動の年代に明確な差があり，熱水系の発達を実証的に研究する対象として格好なものと考えられる．今後，それぞれの火山の熱水系研究が深められ，比較検討を通じて熱水系発達の研究が進むことを期待したい．

2.3.2 ポテンシアル流と熱対流の競合による熱水系の発達

熱水系の発達を考えるうえで，熱対流とポテンシアル流（重力に基づく流動）との競合という観点から見ると，新しい視点が得られるという興味深い研究（由佐，1983）がなされているので紹介したい．熱水系発達の本質的原因は熱源の存在にあり，したがって熱対流が本質的な現象であるが，熱水系が，火山地域のような大きな地形的高低差（したがって，大きな動水勾配）が存在する地域で形成されることから，動水勾配の影響，言い換えるとポテンシアル流との関係（競合）によって，新たな見解が得られるというものである．

この問題を扱うために，水平-鉛直 2 次元帯水層モデルと，その表面に圧力分布が与えられている（図 2.9）．

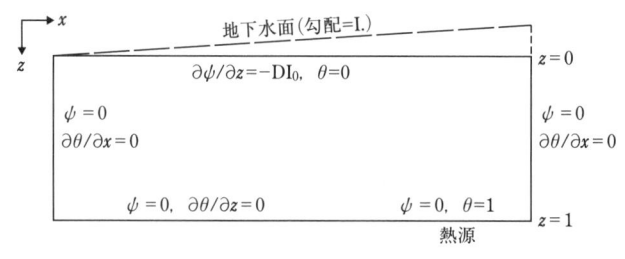

図 **2.9** ポテンシアル流と熱対流を検討するモデル（由佐，1983）

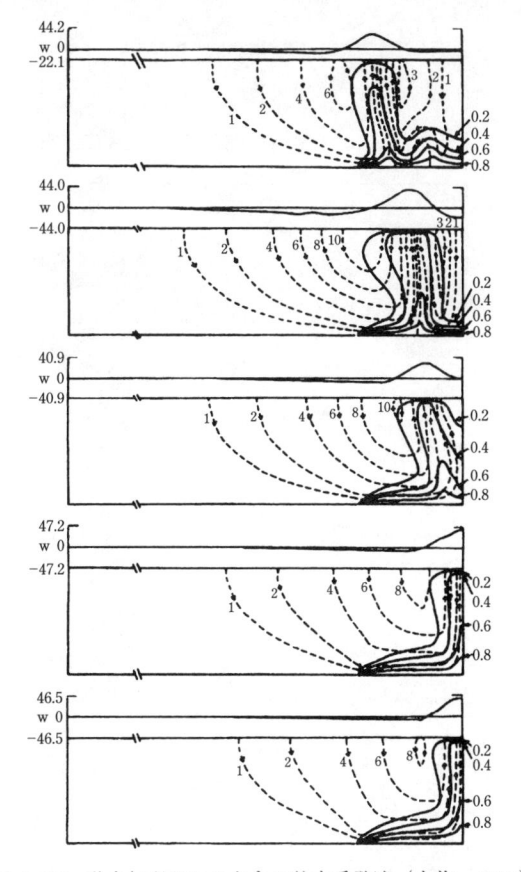

2.3 火山地域における地熱系の発達　47

図 2.10　動水勾配が 0 のときの熱水系発達（由佐，1983）

帯水層の下部中央の一部に熱源（温度一定）が設定され，また，ポテンシアル流の効果を見るために種々の動水勾配の値が設定されている．動水勾配がない場合（ポテンシアル流がない場合），熱水系発達の初期には熱源周辺部で上昇流が発達するが，やがては熱源中心部で安定的な上昇流が発達する（図 2.10）．次に，やや小さい動水勾配 (0.01) が与えられると，熱源中心部にも上昇流は発達するが，熱源縁辺部で上昇流が卓越し，しかも，その上昇流はポテンシアル流の影響で下流方向に流されるようになる（図 2.11）．さらに，動水勾配を大きくする (0.03) とポテンシアル流の効果が大きくなり，初期には熱源縁辺部で上昇流が発達し，それが次第に下流方向に流されていく様子が見られる．その後，今度は熱源中心部に上昇流が発達し，また，それが下流方向に流されていく様

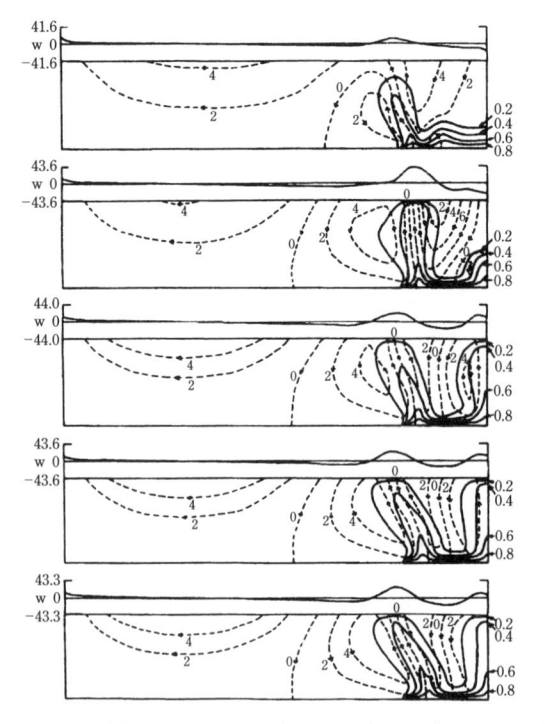

図 **2.11** 動水勾配が 0.01 のときの熱水系発達（由佐，1983）

子が見られる（図 2.12）．このように，熱源が火山体中心部地下に固定されていても，ポテンシアル流の影響で，火山体内部に発生した上昇流は次々に下流方向（山体下方）へ流されていくことを示している．このことは熱水系の発達を考えるうえで，仮に熱源が固定されていたとしても，上昇流は決して固定的に存在するものではないことを示しており，留意すべき現象である．このような問題を実証的に研究していくうえでは，過去の地熱活動の証拠ともいえる変質帯の年代決定などが重要であることを示している．このように，熱水系の発達には奥の深い問題がまだ隠されており，今後の研究の進展を期待したい．

2.3.3 マグマからの熱供給形態のちがいによる影響

さて，以上では，熱水系発達の一般的概念について述べたが，以下で，少し別の観点から，熱水系発達を考えてみたい．熱水系発達においては，マグマからの熱の供給形態によって大きく2つに分かれる．1つはマグマからの熱供給

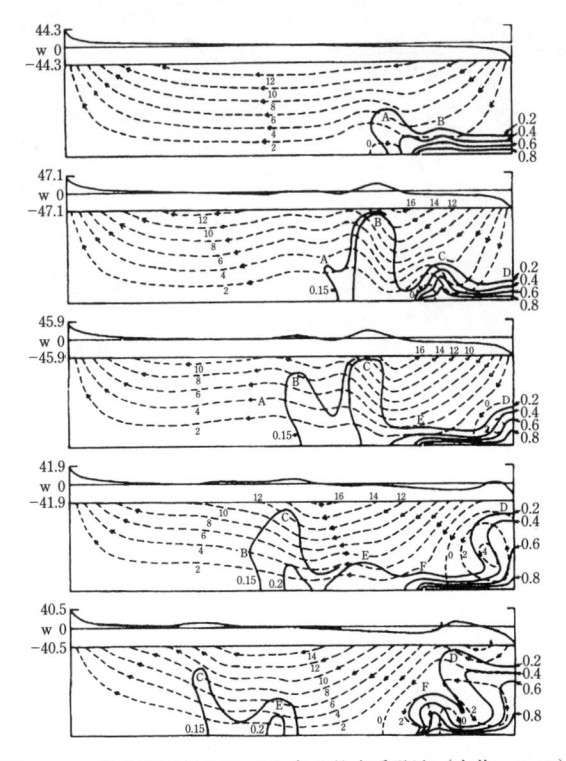

図 2.12 動水勾配が 0.03 のときの熱水系発達（由佐, 1983）

が主として熱伝導によるものであり，もう一方はマグマからの熱の供給が熱伝導ではなく，主としてマグマ性地熱流体（主として H_2O）の対流によるものである．実は，このような熱水系の分類は，鉱床学の分野でもなされ，接触変成帯型（熱伝導起因型）とポーフィリーカッパー型（地熱流体起因型）に分類されてきた．それらのイメージを図 2.13 に示した．これらの 2 つの熱水系発達の違いは，熱源の深さの違いによる可能性も考えられる（村岡, 1992）．以下では，鉱床の分類に基づいた熱水系の 2 つの分類について紹介する．具体的な数値的検討については，5.3 節および 5.4 節で触れることにする．

2.3.3.1 接触変成帯型（熱伝導起因型）地熱系

このタイプの地熱系（熱水系）の代表的な例として岩手県葛根田地熱系の例を示す（江原ほか, 2001）．この地域の地下の概念モデルを示したものが図 2.14 である．この地域では地下 3.5 km 深以下に熱源としての高温の花崗岩が存在し

50　第2章　火山の熱

(a) 接触変成帯

(b) ポーフィリーカッパー鉱床

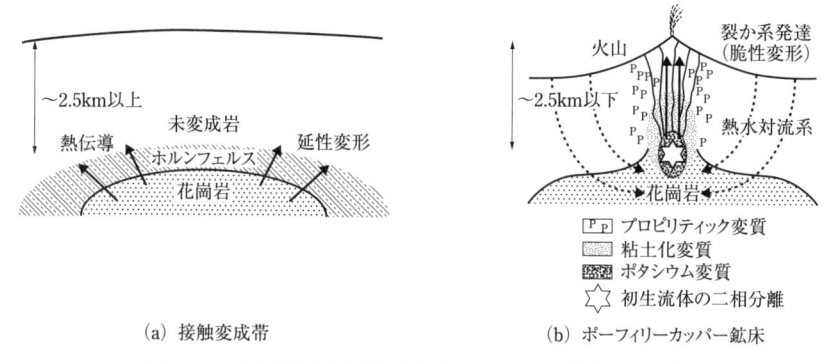

図 **2.13**　鉱床学から見た熱水系のイメージ（藤本，1994）

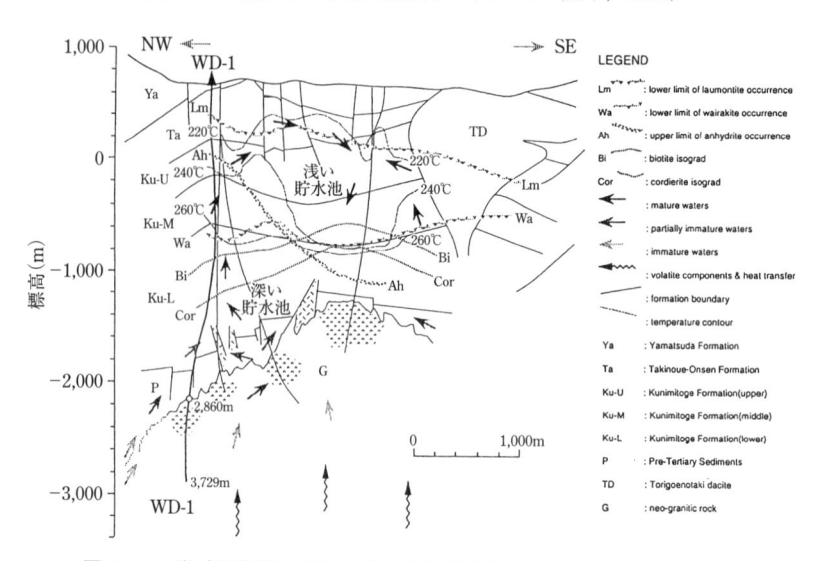

図 **2.14**　岩手県葛根田地熱地域の地熱系概念モデル (Yagi *et al.*, 1995)

ていると考えられている．この図は葛根田地域の北西～南東断面を示しているが，図の左側の地形的高所から地下深部に浸透した雨水が熱源としての花崗岩に加熱され上昇し，その一部は地表の地熱徴候として地表からも流出しているが，大部分は地形低所の南東方向へ流動している．一方，地形低所の南東側の一部のやや標高の高い地域からも雨水が浸透し，これが温められて上昇し，北西側から流動してきた熱水と混合している様子も示している．実はこのような熱水系の様子は，当該地域地下に存在する熱源から供給される伝導的加熱によ

り，地表から浸透する水が加熱され，図2.14に描かれるような地下温度分布および熱水の流れによりうまく再現できる（江原ほか，2001）．すなわち，熱源が定置して4万年程度経過後，図2.14に示されたような熱水系が形成される．なお，この地熱系発達に関しては，後に5.4節でやや詳しく触れるので参照されたい．

2.3.3.2 ポーフィリーカッパー型（地熱流体起因型）地熱系

このタイプの地熱系（熱水系）の代表的な例として，大分県九重火山中心部の九重硫黄山地域の例を示す．そこは中心部に数百°Cの活動的噴気孔を持つわが国でも最も活動的な噴気地域であり，噴気凝縮水中にマグマ成分が含まれていることが水の酸素・水素同位体比研究から知られている (Mizutani *et al.*, 1986). 噴気地域は火山体中心部の直径500m程度の領域に広がっているが，地形から見るとその周辺直径5km程度の集水域を持っていると推定される．そこで，直径5km，厚さ2kmの領域を設定し，マグマからの熱および地表からの水の供給を仮定することによって，観測されているような熱水系が形成されるか簡単な数値モデルに基づいて検討した (Ehara, 1992). その結果，図2.15に示すようなモデルで，諸観測値をうまく説明できることが明らかにされた．すなわち，九重硫黄山中心部地下2kmからは高温のマグマ性流体が供給され，そこ以外の下部からはやや高い地殻熱流量 ($100\,\mathrm{mW/m^2}$) が供給されている．一方，地表からは水の出入りは自由である．計算の結果，周囲から地表水が浸透し，火山体中心部地下に集まり，これが上昇してきたマグマ水と混合し，火山体中心部に気液2相の上昇ゾーンを形成しつつ，地表からは噴気や温泉として

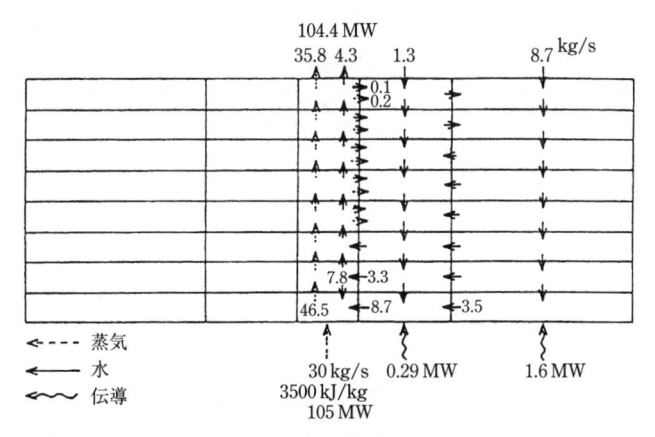

図 **2.15** 大分県九重火山中心部の円筒型熱水系モデル (Ehara, 1992)

流出するモデルが作成された．このモデルは，放熱量，地表から放出される気液比，噴気温度等多くの観測値を説明でき，実際の現象をおおよそ説明できていると考えられる．なお，この地熱系発達に関しては，後に 5.3 節でやや詳しく触れるので参照されたい．

2.4　火山の地熱地域から放出される熱の測定法

　地熱地域の地表からはいろいろの形で熱が自然に放出されている．これを自然放熱量と呼ぶ．この自然放熱量はそのまま地熱地域の規模を定量的に示すものとなるとともに，地熱系の数値モデルを作る際，境界条件を与える重要な量ともなる．以下では，放出形態ごとにそれらの測定法の概要を紹介する．測定法の詳細，実例，計算法等については，適当な書籍を参考にされたい（たとえば，日本地熱調査会 (1974) による『地熱調査ハンドブック』等）．

2.4.1　熱伝導で放出される熱の測定

　地熱地域における浅層（地表から 1 m 深程度）の伝導的な熱の流れは，当該地層の地温勾配とその熱伝導率の積によって求められる．地熱地域では深さ 1 m 程度の浅層でも十分地温異常が見出されること，また地温の日変化がこの深度までは及ばないこと，さらに，人力でも 1 m 程度の地温測定用の穴（直径 2〜3 cm 程度）を開けることは比較的容易であることから，1 m 深の地温が測定されることが多い（図 2.16）．そこで，さらに 50 cm 深の地温も測定し，50〜100 cm 間の平均地温勾配（75 cm 深地温勾配）を求め（図 2.17），これに表層の土壌の熱伝導率を熱伝導棒法（熱針法と同様な原理・手法である．熱針法で柔らかい堆積物の熱伝導率測定に使うプローブは，長さ 10 cm 程度，直径 1 mm 程度であるが，土壌の熱伝導率を現場で測る熱伝導棒法では，プローブの長さ 1 m 程度，直径は 2〜3 cm 程度である）で測定して，その地点の伝導的熱流量を求め，さらに多くの地点でこれを試みることによって，対象地域全体からの伝導放熱量を求める．なお，1 m 深あるいは 50 cm 深の地温は年変化の影響を受けるので，その補正をする必要がある．そのためには，地熱地域の周辺の地温異常がない地点の 75 cm 地温勾配を決定し，その値を差し引くことによって，地下の特別な熱源だけによる伝導熱流量を求めることができる（図 2.17）．ある地点 i の熱伝導率を K_i (W/mK)，地熱異常がない地点の地温勾配を差し引いた修正した地温勾配を $(dT/dz)_i$ (K/m)，面積を S_i (m^2) とすると，対象地域の全伝導

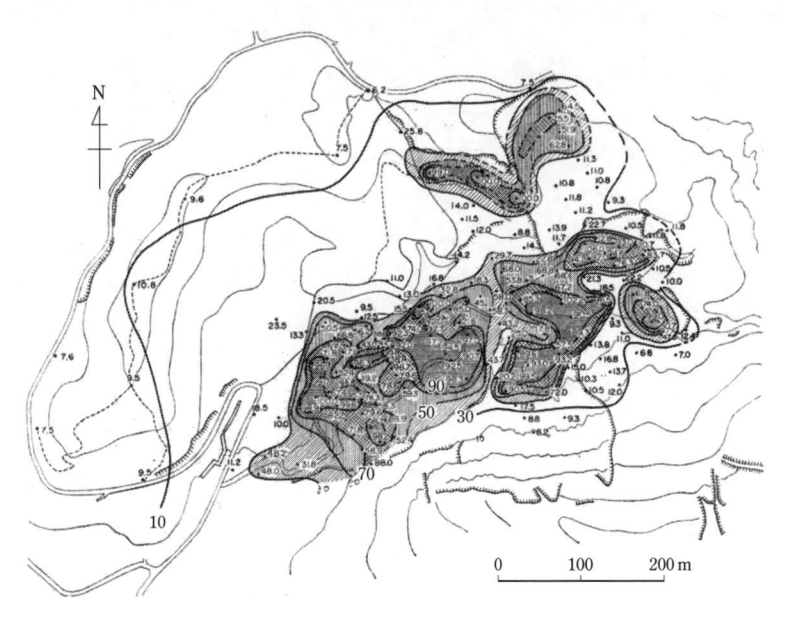

図 **2.16** 1 m 深地温分布測定例（登別温泉地獄谷）

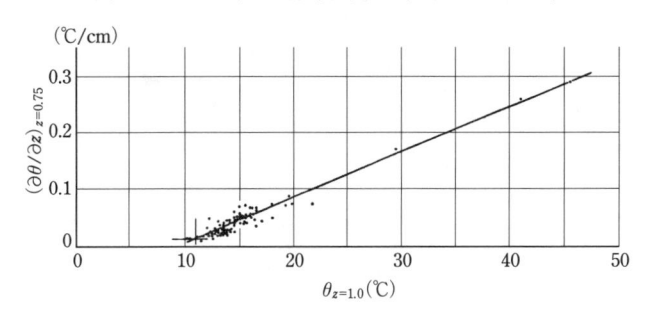

図 **2.17** 1 m 深地温と 75 cm 地温勾配との関係

放熱量 Q_c (W) は以下のように表される（n は地点の数）．

$$Q_c = \sum_{i=1}^{n} K_i \cdot \left(\frac{dT}{dz}\right)_i \cdot S_i \tag{2.1}$$

2.4.2 温泉水として放出される熱の測定

温泉からの放熱量は，温泉水の流量（湧出量）と比エンタルピー（温度がわかれば蒸気表より知ることができる），あるいは温度と比熱がわかれば，それら

の積から求められる.なお多くの場合,温泉水の起源は地表水(降水)であり,地下の特別な熱源による温泉放熱量を求めるためには,当該地域の年平均気温あるいはそれに相当する温度の水の比エンタルピーを差し引く必要がある.なお,温度の測定は容易であるが,流量の測定には苦労することが多く,湧出形態に応じて種々の工夫が必要である.ある温泉 i の湧出量を W_i (kg/s),温度 T_i の温泉水のエンタルピーを h_i (J/kg),基準温度(通常年平均気温が使われる)T_0 での水のエンタルピーを h_0 とすると,対象地域の全温泉放熱量 Q_h は以下のように表される(n は温泉の数).

$$Q_h = \sum_{i=1}^{n} W_i \cdot (h_i - h_0) \tag{2.2}$$

2.4.3 噴気(水蒸気)として放出される熱の測定

噴気流量(噴気の密度,噴気孔の断面積,噴気の流速を測定し,それらの積を求める)を求め,また,その温度を測ることによってその比エンタルピーを知り,両者の積から噴気放熱量を測定する.地熱井のような大型の坑井の場合は,セパレータ(気水分離器)によって蒸気と熱水を分離した後,それぞれの流量を測定する.自然の噴気孔あるいは小規模な坑井の場合は,その多くが湿り蒸気(気液 2 相)である場合が多く,混合流体の密度を測定し,さらに,ピトー管(流体に二重管を垂直に当て,生じる差圧を測定することにより,簡便に流速を測定する装置)や風速計等で噴気の流速を測定し,それらの積から流量を知る.温度と密度の測定から,混合流体の比エンタルピーを求めることができる.ある噴気孔 i の流量を M_i,エンタルピーを h_i,基準温度 T_0 の水のエンタルピーを h_0 とすると,対象地域の全噴気放熱量 Q_f は以下のように表される(n は噴気孔の数).

$$Q_f = \sum_{i=1}^{n} M_i \cdot (h_i - h_0) \tag{2.3}$$

なお,地熱地域から放出される噴気は上述のように,個々の噴気孔から放出されるものがあるが,それ以外にもどこからともなく地表面全体からゆっくり噴気が放出されている場合があり,噴気地と呼ばれる.このような噴気放熱量の測定は,ベンゼマン法(現場写真 4)といって,底のない直方体の箱に入口と出口の通気口を付け,強制的に通気し,入口から入る蒸気量と出口から出る蒸気量の差から直方体の箱の下の地面から噴出する噴気量を求め,それに噴気のエンタルピーをかけて噴気放熱量を求める(日本地熱調査会,1974).また熱収

現場写真 4 (JOGMEC, 2013)

ベンゼマン法による噴気測定．噴気地に箱型の測定器を設置し，噴気の温度や流速等を現場で測定する．

支法を適用したり (Sekioka and Yuhara, 1974)，浅層の熱輸送過程の考察から噴気放出量および噴気放熱量を求めたり（江原・岡本，1974），さらに，降雪を用いたり (White, 1969)，氷熱流量計を用いたり (Terada et al., 2008)，多様な方法が考案されている．

2.4.4 高温湯沼から放出される熱の測定

地熱地域によっては高温湯沼が存在する場合がある．この高温の湯沼からは蒸発によって熱が大気中に放出されている．このとき蒸発量とその温度から水蒸気の比エンタルピーがわかれば，単位時間・単位面積当たりの放熱量を知ることができ，それを当該面積全体に積算すれば，高温湯沼から放出される全噴気放熱量を知ることができる．蒸発による全放熱量 Q_e は，ある地点 i の蒸発速度 W_i，温度 T_i の水の蒸発潜熱を h_i，基準温度 T_0 での水の比エンタルピーを h_0，面積を S_i とすると，以下のように表される（n は高温湯沼の数）．蒸発速度の測定は，水温と風速から推定する方法もあるが，実測する方が信頼性がより高いと思われる．実測するには，1 辺 20 cm 程度，深さ 10 cm 程度の四角い升を造り，それを温度の異なる湯沼の数ヵ所に 1〜2 時間程度浮かべ，升内の水量の変化から蒸発量を推定するとよい（湯原ほか，1985）．

$$Q_e = \sum_{i=1}^{n} W_i \cdot (h_i - h_0) \cdot S_i \tag{2.4}$$

なお，上記では水蒸気に伴って放出される放熱量を評価したが，実際の噴気孔からは，水蒸気だけでなく，他の火山ガス CO_2 や H_2S によっても熱が運ばれている．しかし，それらは水蒸気による放熱量に比べ圧倒的に少なく，通常は

評価に加えていない.

　なお,地熱地域においては多様な地熱現象（地熱徴候と呼ばれる）が見られる.それらの代表的な写真を付録4に示しているので参考にされたい.

第3章
熱水系

3.1 熱水系とは——熱水系の存在性

熱水系とは地殻内において，水の輸送に伴って熱が有効に輸送されるシステムのことである．地熱地域においては，地表から自然に噴気していたり，温泉が出たりしている場合があり，地熱地域では水が熱輸送に関与していることはごく自然に受け入れられる．しかし，そのような地表近くだけではなく，地下深部においても水が有効な熱の輸送媒体であることを，以下のような簡単な推論によって示すことができる．

(1) 熊本県岳湯地熱地域の例

熊本県北東部涌蓋山麓に存在する岳湯地熱地域では，自然噴気，温泉湧出のほか，熱水変質帯が地表で見られる．そこでは，伝導放熱量，温泉放熱量，噴気放熱量が測定され，その合計である総自然放熱量は 6.3 MW であることが知られている（湯原ほか，1983）．一方，この地域に存在する坑井の温度測定から，地表から深さ 250 m 程度の平均地温勾配は 80°C/100 m 程度であることが知られている．また，その深度の地層の熱伝導率は 2.1 W/mK 程度であることも知られている．したがって，深部の平均熱流量は 1.68 W/m^2 程度である．他方，地温の高温異常が存在する地域の面積は 8.4×10^5 m^2（600 m × 1400 m）程度であり，当該地域全体から伝導で運ばれる放熱量は 1.4 MW（全自然放熱量の 22%程度）となり，深部における熱伝導だけでは地表から放出される放熱量 (6.3 MW) を運ぶことはできず，熱伝導以外の熱輸送機構，すなわち水による熱輸送機構——熱水系——が必要であることがわかる．このような熱水系存在の必要性は以下で示すようにもう少し広い地域に関する検討からも理解される．

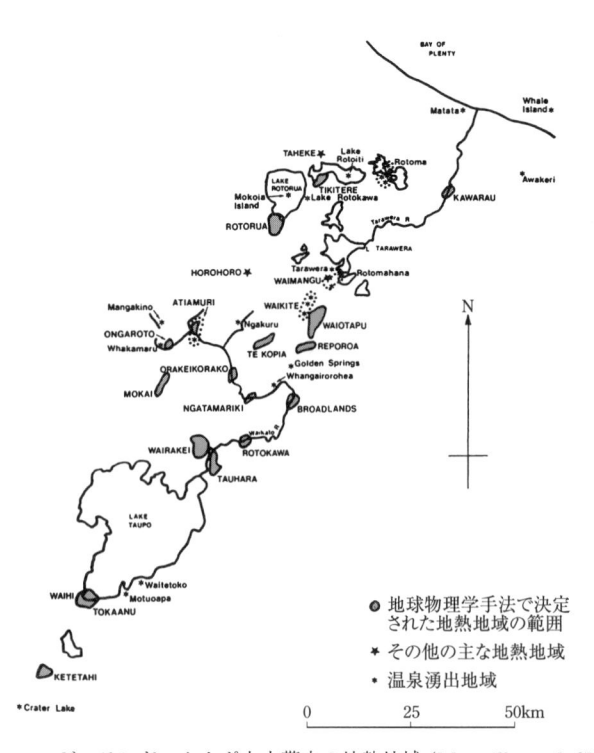

図 3.1 ニュージーランド・タウポ火山帯内の地熱地域 (Mongillo and Clelland, 1984)

(2) ニュージーランド・北島・タウポ火山帯の地熱地域の例

　タウポ火山帯はニュージーランド北島に存在し，その中に数個の活火山とともに，たくさんの地熱地域が存在している（図3.1）．タウポ火山帯の面積は約 $6500\,\mathrm{km}^2$ で，その中には約 30 個の大きな地熱地域があり，自然放熱量の総量は 6300 MW と推定されている (Mongillo and Clelland, 1984)．一方，坑井のデータに基づき，5 km 深で地温は約 400°C と推定されている．これから平均地温勾配は 8°C/100 m となる．一方，地殻上層の平均熱伝導率は 2 W/mK 程度と推定されるので，平均伝導熱流量は $0.16\,\mathrm{W/m}^2$ となる．深部から地表まで熱伝導によって熱が輸送されるとすれば，平均熱流量と該当面積との積を取ると，熱伝導によって輸送される全熱量は 1000 MW となり，実測されている全

自然放熱量 (6300 MW) の 16%程度であり, 深さ 5 km 程度までの深度において
も, 熱伝導以外の熱輸送機構, すなわち熱水系の存在性が推論される.

以上述べたように, 地熱地域のほとんどでは, 水による有効な熱輸送機構す
なわち熱水系が存在すると考えられる. なお, 後に述べるが, 地熱地域の中に
は, 熱伝導が主要な熱輸送となっており, 熱水系の発達が極めて弱い場合もあ
り得る.

3.2 熱水系の水の起源

前節で述べたように, ほとんどの地熱地域では熱水系が存在しているが, そ
の水の起源が何か——マグマ水か地表水 (天水あるいは降水ともいう) か——
が, 19 世紀以来, 長期にわたって議論されてきたが, 主要な化学成分だけでは,
決着は付かなかった. その解決をもたらしたのは水を構成する酸素と水素の安
定同位体比による研究であった (Craig, 1963).

同位体とは, 陽子数は同じであるが中性子数が異なり, したがってそれらの
合計である質量数が異なる同族元素のことである. わずかに質量数が異なる結
果, 自然界に存在する様々な物理的化学的過程を通じて, 同位体分別作用と呼
ばれる同位体分配が生じることが知られており, これを利用して水の起源を知
ることができる.

同位体比による水の起源の研究は以下のように行われる. 同位体には安定同
位体と放射性崩壊する放射性同位体があるが, 水の起源に関する研究では水素
と酸素の安定同位体を使用する. 使われる水素の安定同位体は, 普通の水素 ^{1}H
(陽子数 1, 中性子数 0, 自然界における存在比, 0.99985), 重水素 ^{2}H (陽子数 1,
中性子数 1, 自然界における存在比, 0.00015. 通常, ^{2}H ではなく D (Deuterium
の略) と表現される) および使われる酸素の安定同位体は, 普通の酸素 ^{16}O (陽
子数 8, 中性子数 8, 自然界における存在比, 0.9976), 重酸素 ^{18}O (陽子数 8,
中性子数 10, 自然界における存在比, 0.0020. なお, 自然界には存在比 0.0004
の ^{17}O も存在している) である.

ある同位体 X の同位体比 δX は, ある標準試料に対する測定試料の千分率偏
差 δ (‰ パーミル) で表される.

すなわち,

$$\delta X(‰) = \left(\frac{R_x}{R_{\rm st}} - 1 \right) \times 1000 \qquad (3.1)$$

ここで，R_x は測定試料の同位体比．水素の場合は $D/^1H$，酸素の場合は，$^{18}O/^{16}O$．$R_{\rm st}$ は標準試料とする海水の平均値である標準平均海水（SMOW，Standard Mean Ocean Water の略）の同位体比である．以下では実際の適用例を示す．

3.2.1 地表水起源

地熱発電が行われるような比較的大きく，かつ活発な地熱地域では，掘削により地下深部から中性で Cl 濃度が高い熱水が得られることが知られているが，それらを酸素と水素の同位体比（$\delta^{18}O$ と δD）の関係としてプロットすると図 3.2 のように示される（Craig, 1963；大木, 1979）．なお，図中斜めの実線は天水ラインと呼ばれ，世界中の天水（地表水）の同位体比の分析結果の平均値を示しており，$\delta D = 8\delta^{18}O + 10$ と表される．すなわち，特定の地域の天水は固有の酸素水素同位体比を持っており，そして，世界中の天水の酸素水素同位体比は一定の値（傾き 8）を持っていることを示している．これは，降水が最終的に海に流れ込んで蒸発し，再び降水となる循環プロセスにおいて，蒸発・凝縮の過程における同位体分別が，地域ごとに固有の値を持っていることを示している．これは，蒸発・凝縮が発生する温度・圧力（気圧）に応じた同位体分別が起こることによると説明されている．

一方，個々の地熱地域で得られた酸素水素同位体比は，それぞれの地域で天水は天水線上に乗る一方，各種分析値は，水素はほとんど変化していないが，酸素は天水よりも重くなる（図中右側にずれる）ことがわかる（Craig, 1963；大木, 1979）．この，水素は変化しないが酸素だけ重くなる現象は酸素のシフト

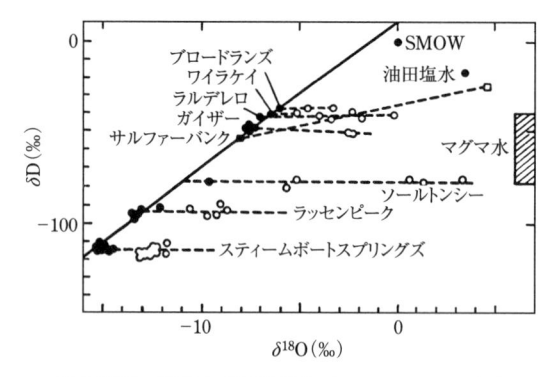

図 **3.2** 天水起源の酸素水素同位体比（Craig, 1963；大木, 1979）

(Oxygen shift) と呼ばれる．この現象は以下のように説明される．まず，1つの前提として，水の中に含まれる酸素同位体比に比べ，地殻岩石中の酸素同位体比はより大きいという観測事実がある．また，水素は軽い元素であり，割れ目の多い岩石中を容易にすり抜け，仮に地殻中に水素が発生しても大気中に放出されやすく，地殻中に保持される可能性は少ない．すなわち，地殻中にはほとんど水素は存在していない．

さて，降水が地下に浸透していくと，水が接触する岩石の温度は次第に上昇し，ある温度（150°C 程度）以上になると水は岩石とよく反応するようになり，このとき，同位体比の観点から見ると，反応の進行に伴って岩石中から重い酸素が水の方へ移動していく．すなわち，水が深部に浸透するに従って，反応温度は高く，より反応時間も経過することから，より深部に浸透した水ほどより重い酸素を持つ（図中，酸素同位体比は右側にずれる）ことになると考えられる．これが酸素シフトの説明であり，水の起源が天水であることの説明である．ところが，このような酸素のシフトを示さない水が，特に活火山の高温噴気や高温温泉から発見された．それを以下に示す．

3.2.2 マグマ水起源

活火山の高温噴気地域から採取された高温噴気の凝縮水の酸素水素同位体比は，図 3.3 のような特徴的な傾向を示す（Craig, 1963；酒井・松久, 1996）．地域ごとに天水の酸素水素同位体比は異なっているが，同位体比が高い部分では，一定の酸素水素同位体比の領域（酸素同位体比は 7～13‰，水素同位体比は −30～−10‰）に収斂しているように見える．実はこの収斂領域は，主として沈み込み

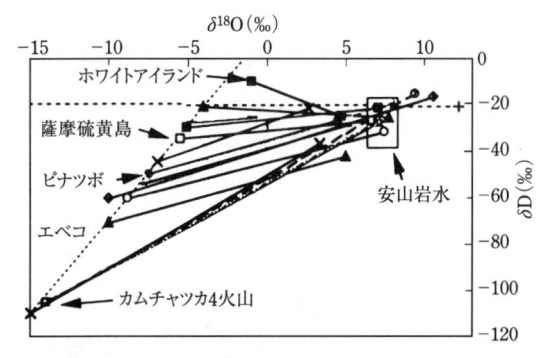

図 **3.3** 起源となるマグマ水の酸素水素同位体比（酒井・松久, 1996）

帯の活火山（主として安山岩質火山）の高温噴気（マグマ成分が主要成分と考えられるような噴気）の酸素水素同位体比の領域である．このことから，この領域の水は安山岩水と呼ばれたり，高温火山ガス (HTVG: High Temperature Volcanic Gas) とも呼ばれる．ある地域の高温火山ガスがその地域の天水と HTVG を結んだ線上に乗ることは，2 つの端成分（地表水と高温火山ガス成分＝マグマ水成分）が起源水としてあり，それらが任意の割合で混合していることを示す．たとえば，線分上の中点に位置する水は天水と高温火山ガス成分（マグマ水成分）が 50%ずつ混合していることを示している．また，高温火山ガス成分の酸素水素同位体比が地域によらずほぼ一定の領域に収斂するということは，地域によらず，共通の端成分があることを示している．そのような共通の起源水は，プレートの沈み込みに伴い同様の温度圧力下で脱水により生じる（水の元々の起源は一様な酸素水素同位体比を持つ海水と考えられる）ことが想定される．この脱水によるマントルへの水の付加が，マグマの元となるマントル物質の溶融を発生させると考えられている．このように火山には共通な起源水が存在していることは，極めて興味深いことである．

3.2.3　その他の起源の水

さて，地熱地域から放出される水の起源は，天水起源のものもマグマ起源のものもあることがわかったが，酸素のシフトを示すような場合でも，マグマ水起源の水がまったく含まれていないことを示しているわけではなく，分析精度から見ても数%程度のマグマ水の混入は排除されないといわれている．また，高温の火山噴気の場合でも，より温度の高い噴気にはマグマ成分がより多く含まれ，より低温の噴気には天水成分が多いことが知られており，純粋のマグマ成分だけというより，マグマ成分がいろいろな割合で混入しているといった方がよいと考えられる．すなわち，地熱地域から放出される水は，天水とマグマ水が種々の割合（0%から100%の間）で混合しているといえる．

地熱地域の水の多くは上述のように説明されるが，上述とはやや異なった水も存在することが知られており，図 3.4 に示した．これは図 3.2 と一見似ているが，酸素のシフトのように酸素のみが重くなっているのではなく，水素も重くなっており，傾きが 3 の直線になっている．このような水は，酸性で相対的に SO_4 濃度が高い熱水（火山から湧出する温泉によく見られる温泉水）の酸素水素同位体比に見られることが知られている．このような温泉水は当初，火山ガスの凝縮水と地表水の混合により生じた水と推定されてきた．しかし，天水

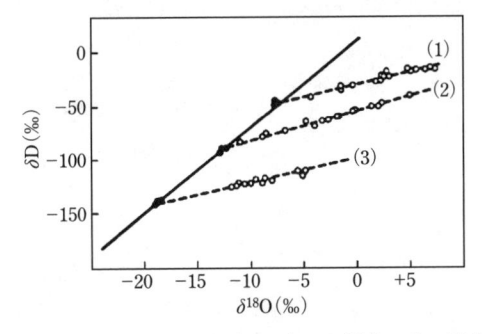

図 **3.4** 浅層での水の蒸発が関与した場合の水の酸素
水素同位体比 (Craig, 1963；大木, 1979)

起源の水が 80°C 程度で蒸発する現象に対し，図 3.4 で示されたような傾き 3 の直線が得られることが実験的に示されており，このことから，図 3.4 に示されるような関係は天水起源の水が，蒸発により 2 次的に変化したものと考えることができる．

3.3 熱水系（地熱系）の分類

地球上に存在する各種の地熱系は実に多様であり，地熱系に関与する熱源，関与する水，そして当該地域が位置する地形あるいは地質構造によって見かけ上，多様な地熱地域が存在することになる．そして，地熱系の中には，関与する水がごくわずかかあるいはまったくないものもあるが，多くは水が関与しており，その場合には熱水系という表現も使われる．すなわち，「地熱系」は，概念がより広く，その中に「熱水系」が含まれると考えることができる．地熱系の多くのものは熱水系であるがそうでないものもあるということである．

さて，熱水系あるいは地熱系の分類を示す前に，熱水系の共通的な構成を考えてみる．まず，特別の熱源 (Heat source) があることが必要で，この熱源へ水が浸透していく過程（流入系あるいは涵養系，Recharge system)，および熱源によって温められた水が地表に向かう過程（流出系，Discharge system）の 3 つが基本的な構成成分である．ただし，流出系からの流体がすべて地表から放出されるのではなく，一部は流出せず，再び地下深部に戻り，流出系に合流するものも存在し，これを再循環系 (Recirculation system) と呼ぶ．これらの様子を示したのが図 3.5 である．

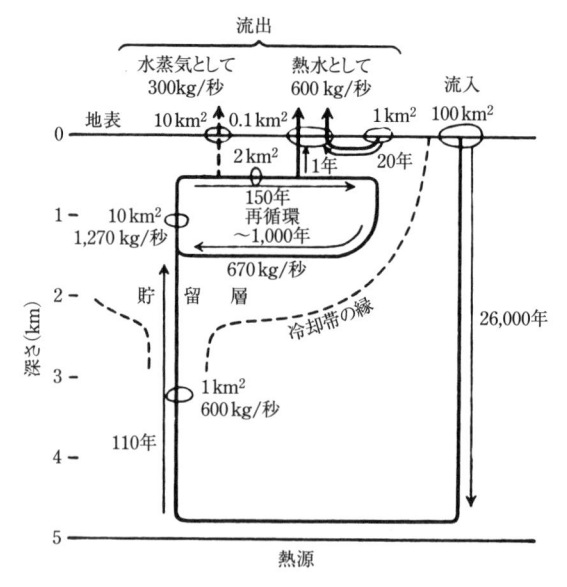

図 3.5 地熱系の基本構成（鹿園，2009）

　熱源としては，マグマからの熱伝導，マグマ水による熱の供給，あるいは地殻熱流量が想定される．このほか，異常に濃縮した放射性熱源のようなものも場合によっては考えられるだろう．水の起源は天水起源とマグマ水起源に分けられる．これらが現実の地下構造のなかで多様な形態を見せることになる．したがって，地熱系は2つとして同じものはなく，また自然現象は連続的であり，どのように分類してもどちらにも属するような地熱系も存在するが，いくつかに類型的に分類することにより思考の節約にもなり，また議論をし理解を深めるためにも有効と考えられる．また，どのような視点から分類するかで多様な分類がありえ，地熱系は分類を試みる研究者の数だけ分類があるといってもよい．以下では，関与する熱源，水の起源とその状態に基づいて分類した例を示すことにしよう．この分類は，地熱活動が相対的に弱いものから強いものに向かう分類ともなっている．

3.3.1　伝導卓越型地熱系

　既に述べたように，多くの地熱系では水が関与しており，熱水系といってよい．しかし，水の関与がほとんどない地熱系も存在しており，熱の流れが主として熱伝導によって行われている地熱系を伝導卓越型地熱系と呼ぶ．その典型

的な例として富山県の黒部高温岩体地域が挙げられる．ここではトンネルを掘削したことによって，地下数百 m 以浅に 200°C にも達するような高温の岩体の存在が知られたが，その地表部には見るべき地温異常あるいは地熱徴候といわれるものはなかった．1940 年代に掘削されたトンネルではあるが，現在でも内部の岩盤表面は 100°C を超える高温となっている．このトンネル内で地熱調査が行われ，自然放熱量調査も行われた（湯原，1978；由佐・川村，1978）．その結果によると，高温の岩盤表面より熱伝導で放出される伝導放熱量（岩盤表面からはニュートン冷却で熱が放出される）は 1.26 MW，噴気により放出される噴気放熱量は 0.02 MW，そして，温泉による温泉放熱量は 0.01 MW で，合計した総自然放熱量は 1.29 MW と得られた．すなわち，総自然放熱量の 98%（1.26 MW）は熱伝導によるものであった．

地表あるいは地表近くにおいて，このような伝導卓越型地熱系が見られることは極めて珍しいが，実は地下深くなるとすべて熱の流れは伝導が卓越することになる．すなわち，地下の深さ 3 km を超えるようになると，図 3.6 に示すように岩石中の空隙率はほとんど 0 になり（矢野ほか，1989），水の流動が困難になって熱水の流動ができなくなる．すなわち，地下 3 km 程度以深では熱の輸送は伝導が卓越する．そして，マグマなどの特別の熱源の近くであれば，高温部

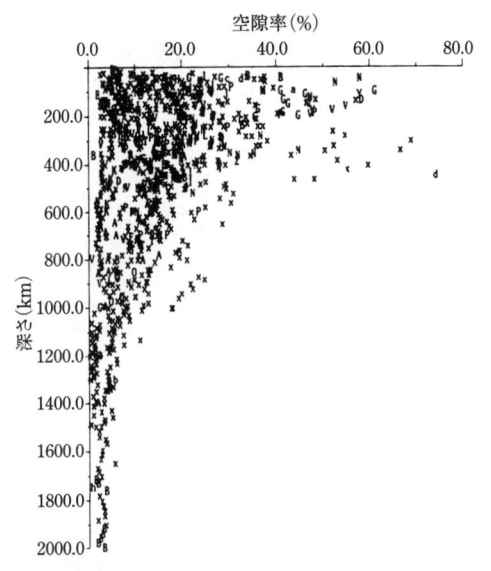

図 **3.6** 岩石の空隙率の深さによる変化（矢野ほか，1989）

分が浅部にあるが，マグマなどの熱源が近くにない通常の地域でも地下 10 km になれば 300°C 程度に到達するであろう．すなわち，地下深部ではどこでも，水のない熱伝導が卓越する高温の岩石の状態（高温乾燥岩体，略して高温岩体）の状態になっている．

上述のような熱を利用するには，熱抽出のための媒体（多くの場合は水であるが，近年，超臨界の CO_2 も想定されるようになっている．これは，地球温暖化対策として，燃焼によって放出された CO_2 の地下貯留が検討されるなかで考案されたものである）が必要である．対象とする高温岩体 (Hot Dry Rock) の内部を 2 本の井戸で連結し，一方の坑井から冷水を注入し，高温岩体中に形成された岩石破砕帯を熱交換面として加熱された熱水をもう一方の坑井から回収し，それを発電に利用する高温岩体発電という考えがある (Smith et al., 1975)．そのような高温岩体システムが実現できることは，1990 年代までにわが国を含め世界各国で実証された．しかしながら，深い坑井を掘削するための高額な費用，抽熱のための多量な水の必要性，水の低い回収率，地震の誘発等，解決すべき課題も多く，実用化までには至っていない．ヨーロッパでの小規模高温岩体発電（出力 1500 kW. ただし，純粋な高温岩体発電ではなく，実際には天然の高温水の関与が知られている）の試験的運用，オーストラリアにおける高温岩体開発（この場合も純粋な高温岩体というより，高圧の水を含んだ高温岩体）等の調査研究も行われているが，当初考えられた高温岩体発電の難しさは解決されていない．現在は，EGS (Enhanced Geothermal System) 発電という概念に代わり，純粋な高温岩体だけを対象とするのではなく，透水性が低い高温の岩体に水圧破砕を行い，透水性を改善し，注入した水を加熱し回収するという，より現実的な方向に転換している (MIT, 2006)．この結果，EGS 発電で対象とする地下領域は広大であり，それが実現すれば発電および直接利用に大きく貢献することができることから，アメリカやヨーロッパでは引き続き研究開発が活発に行われている．わが国では，比較的浅部の火山性資源に恵まれており，それらの開発から進めるのが望ましいと考えられるが，地熱発電所における蒸気生産量の回復のため，さらには，将来における利用を目指して，EGS 研究を続けることは必要と考えられる．なお，EGS 発電については第 8 章で詳しく述べる．

3.3.2 堆積盆地型地熱系

空隙率の高い堆積盆地内に貯えられた地下水が，地下深部から供給される伝導

的な熱(地殻熱流量)によって加熱されている地熱系である．この場合，供給される伝導的な熱量が少ないため，熱水の上昇流は非常に弱く，流体の動きはほぼ停滞していると考えてよい．したがって，この地熱系内の熱輸送としては，伝導が卓越している．日本では，平野の地下にこのような熱水層が存在していることが多く，深層熱水と呼ばれることもある．一方，アメリカのメキシコ湾岸には大規模な堆積盆地が発達しているが，そこに含まれる熱水の圧力は静水圧よりはるかに高くなっており(それ故，異常高圧層とも呼ばれる)，このような堆積盆地型地熱系を，特に地圧型地熱資源 (Geopressured type geothermal system) と呼ぶことがある．この熱水層は，高い水圧，高温 (4 km 深で 150～230°C)，そしてそこに含まれるメタンガスという3つの資源を有している．地圧型地熱資源はメキシコ湾岸だけでも極めて大量にあり，深度が深いために (～7 km) 現在では経済性はないが，将来的には有望な資源になる可能性がある (Elders, 1991)．これは，シェールガスが技術的困難から経済的に生産できず，従来開発されてこなかったが，ここ数年の技術革新(水平掘削，透水性改善のための水圧破砕・化学処理等における技術革新)によって，生産量が一気に増えて，米国のエネルギー問題を一時的にもせよ解決しつつあることを考えると，この地圧型地熱資源も将来，技術革新によって一気に注目されることも十分考えられるだろう．ただし，当面の間はシェールガスほどの急展開の可能性はないと予想される．

3.3.3 天水深部循環型地熱系

地殻熱流量は通常か，通常よりやや高い程度 (60～80 mW/m^2 程度) であるが，天水が地下深部まで浸透し，温められ，深部にまで達している断層等の破砕帯を上昇し，地上では温泉として湧出しているような地熱系である．非火山性の多くの温泉はこの地熱系に含まれる．熱水の上昇は断層等に規制されるため，地表では断層沿いに直線状に温泉が分布する場合が見られる．また，断層の交点付近に優勢な温泉湧出が見られる場合もある．多くの場合，地表湧出の場合でも温度は高くはないが，場合によっては，沸点に達するような高温温泉が湧出することもある．

3.3.4 熱水卓越型地熱系

マグマ(固化していても高温を保持しているものならよい)から供給される特別な熱(主として熱伝導)が存在し，これによって地下に浸透した天水が温められ，熱水の対流現象を起こしているもので，地下における流体はほとんど

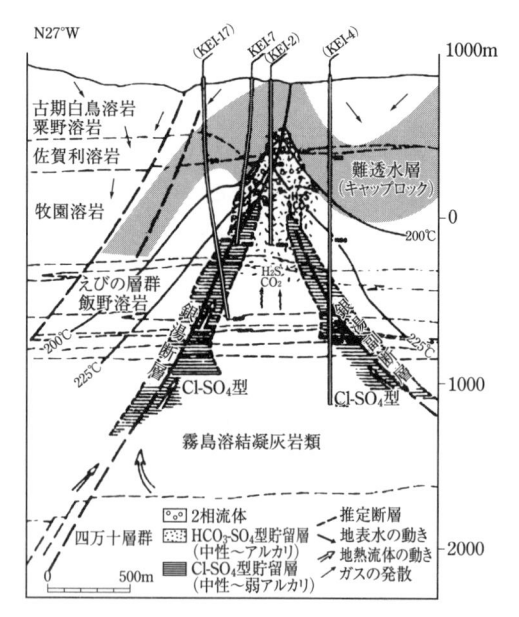

図 3.7　熱水卓越型地域の例（日本地熱調査会, 2000）

液体であるような地熱系である．したがって，地熱貯留層内の圧力は液体に支配されているので直線的に上昇するが，静水圧よりもやや高い圧力となっている．新生代の火山地域の地熱系のほとんどはこれに属する．ただし，地熱発電を可能とするような高温の地熱貯留層が存在するのは，最も新しい火山活動が100万年より若い場合であることが経験上知られている（玉生，1994）．

このような地熱系の地熱貯留層に掘削を行うと，熱水はボーリング坑内を自然に上昇し，減圧の結果沸騰を開始して（フラッシュするという）気液2相となる．この気液2相流体は，坑井内を気相の割合を増加させながら上昇する．そして，地表の坑口においても気液2相となっているが，秒速200mを超える高速で噴出する．多くの場合，発電に使われるのは蒸気であるので，気液2相流体はセパレータにより気液分離させられ，蒸気はタービンに送られ発電に用いられるが，熱水は還元井から地下に戻され，地熱貯留層の圧力維持に貢献する．また，還元は，熱水中に含まれるヒ素などの有害成分を環境中に放出しない役割も持っている．火山地域の地熱系はほとんどがこれに属し，代表的な地熱系としては，ニュージーランド・ワイラケイ地熱地域，大分県八丁原地熱地域・鹿児島県大霧地熱地域等で，世界中で地熱発電が行われている地熱地域の

ほとんどはこれに属する．その典型的な例を図 3.7 に示す．なお，図 3.7 に見られるように，地熱貯留層はやかんの中にお湯が貯まっているような 3 次元的な塊りのようなものではなく，断層のような薄く伸び広がった 2 次元的形状をしており，断裂型地熱貯留層と呼ばれる．周辺地域から浸透した地表水は，深部で加熱され，断裂に沿って上昇し，多くの場合，熱水の状態で貯えられている．そして，貯留層の上部には難透水性のキャップロック（帽岩）が存在し，熱水を貯留層内に閉じ込めることによって，高温高圧の熱水が貯えられることになるのである．

3.3.5 蒸気卓越型地熱系

この地熱系の成因は熱水卓越型地熱系と本質的には同じであるが，地下における地熱流体は気液 2 相になっており，ボーリングを行うと地上で得られるのは蒸気のみという地熱系である．蒸気卓越型の地熱貯留層の水の状態は，図 3.8 のエンタルピー–圧力図上において気液共存領域にあり，図には気液共存下での水蒸気/水の重量比が示されている．なお，温度 236°C，圧力 3.18 MPa という値は飽和水蒸気が持ちうる最大エンタルピー（2805 kJ/kg，図 3.8 中の●印）を示すが，多くの蒸気卓越型地熱系では，ほぼその温度・圧力を持つといわれる (White et al., 1971)．気液 2 相の下には塩分濃度の濃い熱水の層があり，そこで沸騰が生じているとも考えられている．しかしながら，気液 2 相の地熱流

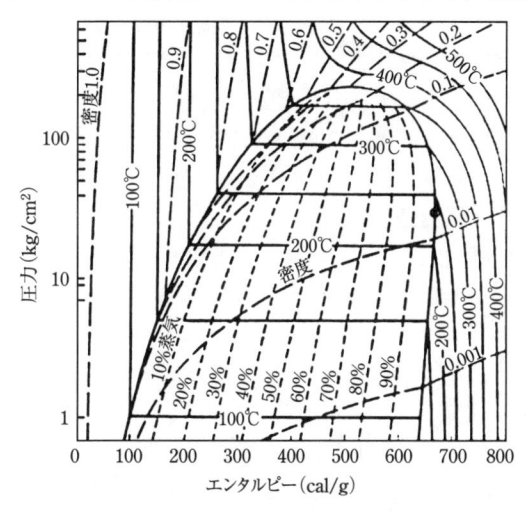

図 3.8 水のエンタルピー–圧力の関係

体の下に常に塩分濃度の濃い熱水の層があるとは限らないようで，蒸気卓越型の成因は必ずしも明瞭ではない．このような地熱系が形成されるためには特別な地下構造と供給される熱と水のバランスが必要と考えられる．すなわち，地下深部から供給される熱量に比べ，相対的に天水の補給が少ないことが必要である．もし，天水の補給が十分であれば熱水卓越型地熱系が形成されるであろう．実際の蒸気卓越型地熱系を調べた結果，この地熱系の上部に地表からの天水の浸透を防ぐキャップロックが存在するだけでなく，横方向からの天水の浸透を防ぐような不透水性の地層が存在しているようである．火山地域では一般には地殻活動が活発で，したがって断層運動が活発であるので，このような不透水性の地層が十分発達することは稀であり，蒸気卓越型地熱系の例は少ないことになる．しかしながら，世界各国で地熱開発の初期に開発された地熱発電所の多くがこのタイプに属するばかりではなく，比較的大規模な地熱地域の例が多い．これは地熱貯留層からの流体流出が限られ，一方，供給される熱量が大きいので大規模な地熱系が形成されるためであろう．

なお，各国で初めに蒸気卓越型地熱系に地熱発電所が建設されたのは，地熱開発初期においては，気液2相では発電に適さないと考えられたことにもよる．蒸気卓越型地熱系に属する代表的な地熱系は，イタリア・ラルデレロ地熱地域，アメリカ・ガイザーズ地熱地域，インドネシア・カモジャン地熱地域，日本の松川地熱地域などである．これらの地域に建設された地熱発電所はいずれも生産される蒸気量の減少あるいは生産される蒸気の過熱化が進んでおり，人工的な水の補給が実施あるいは検討されている．松川地域の場合，外国の他の蒸気卓越型の地熱発電所に比べ規模が小さく過熱化の傾向はあるが，外国の蒸気卓越型地熱発電所のように大きな問題とはなっていない．

3.3.6 マグマ性高温型地熱系

この地熱系は，活火山の中心部の200°Cを超える高温噴気が存在する地域に見られることが多く，地下からの熱の供給が熱伝導ではなく，マグマ性流体（主としてH_2O）による寄与が大きい場合に形成されるものである．熱水卓越型地熱系においても，地表から放出される水のうち，マグマ起源の水の量は数%程度存在することは否定できないが，マグマ性高温型地熱系の場合は，マグマ起源水の占める割合が数十%に達する．そして，この地熱系ではマグマ水と天水の混合により，気液2相の地熱貯留層が形成されているのが特徴である．気液2相の地熱貯留層が存在することは蒸気卓越型地熱系と同じである．蒸気卓越型

地熱系の場合は，地熱貯留層中で蒸気が上昇し，凝縮した熱水が下降するというカウンターフローの状態が生じているが，マグマ性高温型地熱系の場合，熱水・蒸気とも上昇流が生じている場合がある（これについては後に，5.3節の九重火山の九重硫黄山地域の熱水系で示す）．上述したように，このような地熱系は活火山の中心部に発達することが多く，ニュージーランド・ホワイト島火山，日本の大分県九重火山中心部の九重硫黄山などの例が知られている．アイスランド・クラフラ火山でも気液2相の地熱貯留層が存在していることが知られており（江原，1995），ここでは既に地熱発電所が稼働しているが，一般的には，マグマ性高温型地熱系の場合，腐食性の高い高温火山性噴気の存在により，多くの地域ではその熱エネルギー利用は将来の課題であろう．

3.3.7 地熱系形成における地形あるいは断層の効果

おおよその地熱系分類を以上で示したが，ここでは地熱系の発達において，重要な寄与をする地形あるいは断層の効果について触れておくことにする．火山地域に発達する地熱系はほとんどの場合，火山体の特定方向に発達しており（日本の火山の例でいえば，雲仙火山や阿蘇火山では西側山麓に主要な地熱地域が発達し，鶴見火山ではその東側山麓に地熱地域が発達している．なお，わが国では火山体の西側山麓に地熱地域が発達する例が多い），火山体周辺の360度全方位に地熱系が発達することはほとんどないといってよい．いったいこれはどのようなことを示しているのであろうか．

一定規模以上の地熱地域が発達するためには，加熱された熱水の組織的上昇が必要である．これは垂直方向に伸びた水道管中を熱水が上昇するような状態を想定するとよい．水道管が上部で開いているところが地表面に相当すると考えられる．水道管中を上昇する水は特別なことがなければその出口では360度全方位に流れ出すであろう．しかし，これは実際の地熱地域の配列とは明らかに異なっている．火山体は円錐状の形態をしていることが多いが，多くの場合よく観察すると非対称になっている．一方，火山体上部の地層は多くの場合透水性であり，地下水面の形状は火山体表面の地形に並行している．すなわち，火山体内部では地下水面分布が非対称になっている．あるいは動水勾配が非対称になっているといってもよい（同一深度で見た場合，方位によって帯水層の圧力が異なるといってもよい）．

上述のように，地表近くで非対称になっている圧力分布の状態にある帯水層に，地下深部から熱水が上昇してくると，地下水中に混入した熱水は全方位に

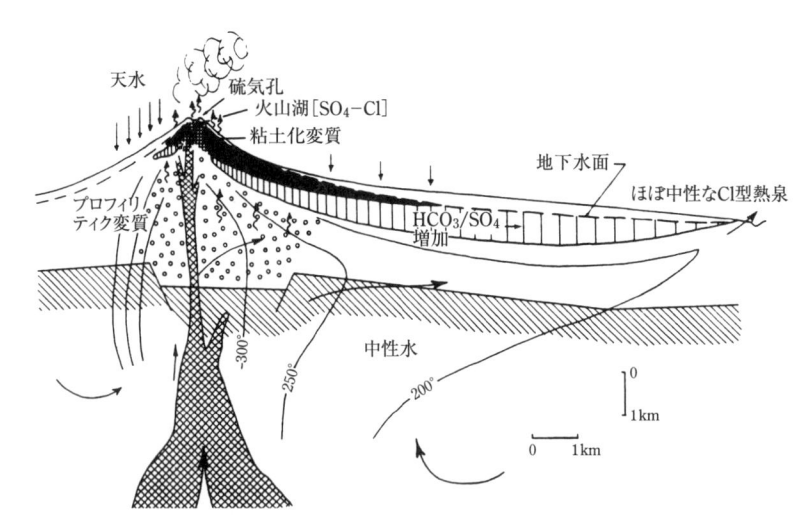

図 3.9 上昇した熱水の側方流動の様子 (Henley and Ellis, 1983)

流れるのではなく，より圧力の小さい方向へ選択的に流れていくであろう．そして，その方位の中でも断層等の透水性の特に良い特定の地層があればさらにその特定された方向に熱水は選択的に流れていくと考えられる．このことが火山体の特定方向に地熱地域が発達する理由ではないかと考えられる．すなわち，地熱系の発達には地表近くの地形あるいは地下構造が大きく効いているのである．これらの構造を支配する要素としては，地域の広域的な応力場を考慮することが重要と考えられる．この特定方向への地熱地域の発達は，深部から上昇してきた熱水が火山体に沿って特定の方向へ側方流動するというような表現がなされることもある．このことは，火山体に発達する地熱系の解明においてはこの側方流動の解明が重要であることを示している．側方流動の様子を示した例を図 3.9 に示した．

3.4 熱水系の定量的な取扱いの基礎

ここまでに，地下における熱と水の流れに関して，概念的な取り扱いをしてきたが，以下では，熱と水の流れ，特に熱の流れを数学的に扱う基礎について述べることにする．最も簡単でかつ，限定的であるが意味のある取り扱いは定常1次元の取り扱いであり，もっとも実用的な取り扱いは非定常3次元の取り

3.4 熱水系の定量的な取扱いの基礎

熱と水の流れる方向 →

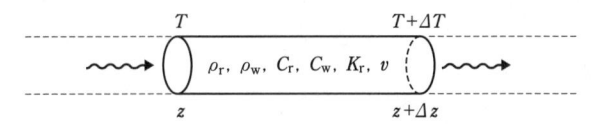

図 3.10 1次元における熱と水の流れに関するモデル

扱いである．以下では，非定常 1 次元の熱と水の取り扱いをやや詳しく扱い，その一般化としたものとして非定常 3 次元の取り扱いを考える．

まず，図 3.10 に示すような 1 次元 (z) 方向の熱の流れを考えることにしよう．微小な長さ Δz を考え，この中を流れる熱と水の流れを考える．このとき，z 方向に直交する断面積 1 (m^2) の円形を想定し，これらに囲まれる体積 Δz (m^3) の領域を考え，同様なブロックが 1 次元方向に連続している場合を想定する．

いま，微小な時間 Δt の間に，z から $z+\Delta z$ の方向へ熱と水が流れ，その結果，そのブロック内で温度が ΔT だけ上昇したとする．なお，そのブロック（岩石と水の混合体）の密度を ρ_r，水の密度を ρ_w，ブロックの比熱を C_r，水の比熱を C_w，ブロックの熱伝導率を K_r とする．また，ブロックを流れる水の流速を v とする．なお，水の流れはダルシーの法則（地盤中を流れる水の流速が動水勾配と透水係数により決まる関係）に従うものとする．

また，単位時間に当該領域に貯えられた熱は

$$\rho_r \cdot C_r \cdot 1 \cdot \Delta z \cdot \Delta T / \Delta t \tag{3.2}$$

と表現される．

一方，単位時間に熱伝導によって当該領域に貯えられる熱は

$$\left(\left(-\frac{K_r dT}{dz}\right)_{z=z} - \left(-\frac{K_r dT}{dz}\right)_{z=z+\Delta z}\right) \tag{3.3}$$

と表現される．

さらに，単位時間に水の流れによって当該領域に貯えられる熱は

$$-\rho_w \cdot c_w \cdot v \cdot \Delta T \tag{3.4}$$

式 (3.2) は式 (3.3) と (3.4) の和に等しいから，結局，以下の式が得られ，

$$\rho_\mathrm{r} \cdot c_\mathrm{r} \cdot \Delta z \left(\frac{\Delta T}{\Delta t} \right) = \left(\left(-\frac{K_\mathrm{r} dT}{dz} \right)_{z=z} - \left(-\frac{K_\mathrm{r} dT}{dz} \right)_{z=z+\Delta z} \right) - \rho_\mathrm{w} \cdot c_\mathrm{w} \cdot v \cdot \Delta T \tag{3.5}$$

となる．

ここで，微小量 Δt および Δz をゼロに近付ける極限を考えると，式 (3.5) は微分形式で表現される．したがって，熱と水の流れを考慮した非定常 1 次元の微分方程式は以下のように

$$\rho_\mathrm{r} \cdot C_\mathrm{r} \cdot \frac{\partial T}{\partial t} = \frac{\partial \left(K_\mathrm{r} \dfrac{\partial T}{\partial z} \right)}{\partial z} - \rho_\mathrm{w} \cdot C_\mathrm{w} \left(v \frac{\partial T}{\partial z} \right) \tag{3.6}$$

と表現される．

以上の考え方は，z 方向だけでなく，これに直交する 2 方向（x 方向，y 方向）にも同様に適用されるから，それぞれの成分を x, y, z で表現すれば，非定常 3 次元における熱と水の流れを表現する微分方程式は，以下のように表現される．

$$\rho_\mathrm{r} C_\mathrm{r} \frac{\partial T}{\partial t} = \nabla \cdot (K_\mathrm{r} \nabla T) - \rho_\mathrm{w} \cdot C_\mathrm{w} \left(\boldsymbol{v} \cdot \nabla T \right) \tag{3.7}$$

ただし，∇ はベクトル解析における演算子ナブラである．xyz 3 次元直交系の場合，$\mathbf{i}(\partial/\partial x) + \mathbf{j}(\partial/\partial y) + \mathbf{k}(\partial/\partial z)$ と表現される．v は流速ベクトルである．

したがって，問題は式 (3.7) をどのような初期条件，境界条件のもとで解くかということに帰する．なお，式 (3.7) に発熱項 $H(t, x, y, z)$ を入れればより一般的な形となる．放射性熱源を想定する場合や，地熱流体の生産や還元を考慮する場合にもこのような形で入れることもある．式 (3.7) は非線形微分方程式であり，一般には解析的には解くこと（解の形を，通常知られているような関数で表現すること）はできない．したがって，数値的に解くことになる．その際，初期条件および境界条件が必要である．数値解法に関しては多くの専門書が刊行されているので，そちらを参考にされたい．なお，式 (3.7) の特殊な場合（定常 2 次元問題）の解法の例を付録 3 に示したので参照されたい．そこではエネルギー方程式だけではなく，必要なすべての方程式が扱われている．

なお，熱水系の定量的な取り扱いに関して興味ある読者は，石戸 (2002) による『地熱貯留層工学』を参考にすることを勧める．また，英書であるが，地熱貯留層工学の教科書として有名な，『Geothermal Reservoir Engineering』(Grant and Bixley, 2011) もお勧めしたい．

第4章
地熱の探査

　以上までに，地下における熱と水の流れに関する基本的な考え方，あるいはそれらを数学的に扱う手法の基礎について述べた．以下では，地下における熱と水の流れを探し出す手法である地熱探査法と，それに基づく資源量評価について述べることにする．

4.1　地熱探査の意義と役割

　地熱エネルギーを開発利用することを考えたとき，まず，どのような地下構造の中で，熱と水の流れがどのようになっているかを解明することが必要である．そして，それに基づいて，どのような利用法であればどの程度利用可能か（資源量評価といってもよい）を判断していくことになる．また，それが学問としての「地熱工学」の究明すべき部分である．そして，その前半部分が地熱探査の役割となっている．

　地熱探査を進めていくうえで，基本は広域から始め次第に対象範囲を狭めていく．また，地表の探査から地下の探査へと向かい，要する費用も増えていく．

　地熱探査の主要な分野は地質学，地球化学，そして地球物理学の3つの分野である．水理学を独立させることもあるが，3つの分野の解釈においては必然的に水の存在あるいは流れを考慮することになるので，水理学を独立して考えるよりも，それらに共通の背景として理解しておくのがよいと考えられる．

　なお，地熱探査はそれ自身が最終目的ではなく，その結果を地熱工学の後半部分である資源量評価，具体的には地熱系モデリングあるいは地熱貯留層モデリングに活かすということが重要なポイントであり，探査を行ううえで常にこのことを意識すべきである．したがって，特定の分野を必要以上に詳細に追究する必要はないし，特に，温度あるいは流体流動を解明するのに利用されるのが地熱探査であるという視点を常に持つべきである．以下で，各探査法につい

て紹介することにしよう．

4.2 地熱探査法各論

以下では，空中からの広域探査から，詳細な地表探査に至る各探査法について述べることにする．

4.2.1 地熱探査の諸段階

地熱探査は，文献調査（データベース利用を含む），空中からの概査，地表からの地質学的，地球化学的，地球物理学的探査（物理探査），調査井掘削，と段階を経て進展していくので，以下ではそれに従って記述することにする．

4.2.2 文献調査（データベース利用を含む）

地熱探査に限らず，あらゆる調査はそれに関わる既存データの収集とその評価から始まる．これは，同種のデータの重複した取得等，余計な調査を避けることだけでなく，対象を理解するためにはどのようなデータが必要か，また欠けているか，あるいは対象地域ではどのようなことがポイントになっているかなど，調査を進展していくための基礎的情報を確認し，これを効率的に収集・分析することが必要であるからである．データの出所は，論文，調査報告書等がまず挙げられるが，近年各種のデータがデータベースとして公開されていることも多く，この利用も重要である．なお，収集されたデータはデジタル処理されていることが望ましく，また，地理情報システム (GIS) 上で処理できることが重要である．GIS 上で扱うことができるデータは，各種データを総合化したうえで客観的に判断していく地熱探査では特に重要と考えられる．また，各種データの比較検討などを正確に行っていくうえで欠かすことができないし，時間の大きな節約にもなる．また，個人的な定性的判断を避け，基準の明確な客観的な議論をしていくうえでも重要である．

4.2.3 空中からの探査

広い調査地域に対して，均質のデータを，短時間で安全に取得できるという点から空中探査の果たす役割は大きい．まったく新規の調査地域の場合は特に有効である．各種の地表調査が進展しているわが国のような場合でも，従来，国立公園特別地域内では地表調査が難しかったが，空中からの探査は地表地形

の改変等を避けることができ，有効な手法と考えられる．もちろん，比較的低空からの調査の場合は，猛禽類等の貴重な野鳥の生息特に営巣活動に影響を与えないような工夫が必要という新たな問題も生じうる．

　空中からの調査は，調査用のセンサーを搭載する飛行体の飛行高度（したがって取得されるデータの地表分解能）が様々であり，高度順に，人工衛星利用，航空機利用，ヘリコプター利用，無線操縦模型飛行機等がある．

　まず，人工衛星によるリモートセンシングが考えられる．現在，世界各国は種々の地表探査目的で各種の人工衛星を打ち上げている．米国のランドサット (LANDSAT)，フランスのスポット (SPOT)，日本のアスター (ASTER) 等である．それらは一般に測定対象が異なっているが，同種のデータでも測定される波長あるいは地表分解能が異なっており，注意を要するとともに相補的に利用していくことが重要である．これらの衛星では多波長帯の画像が取得される．そしてこの画像に対して比演算処理等の画像処理を行い，必要な情報を取り出すことになる（物理探査学会，1998）．地熱に関する情報としては，リニアメント（線状構造）の抽出，熱水変質帯の抽出，高温異常の検出等が考えられる．

　リニアメントの抽出においては画像データから線状構造を判別する．特に地熱流体の流動は，断層・割れ目等の線状の断裂に規制されていることが多いからである．もちろん，地表で見える線状構造が，単なる見かけ上のもので，流体の流動に関与していないものも多数あるわけで，地上調査（グラウンドトゥルースともいわれる）のほか，従来の経験等を通じて，真に地熱流体の流動に関するものを抽出していく必要がある．したがって，この解析には経験が特に必要である．

　熱水変質帯の抽出も重要な作業である．熱水と岩石の反応により，岩石（実際にはそれを構成する鉱物）中に新たな熱水変質鉱物が形成される．そして，これらは特有な光学的反射特性を示すことが知られており，特定の波長帯で強い反射が期待される．熱水変質鉱物を含む各種鉱物の反射特性の研究と合わせ，空中から変質帯の広がりだけでなく変質の種類の識別が可能な場合もある．山岳地帯など地表踏査が困難な場合，衛星からの調査は特に有効である．

　赤外線を利用した熱映像調査は熱異常を直接的に検出することができ，地熱探査としては極めて有効な手法である．ただし，昼間に得られるデータの場合，太陽放射の補正，あるいは大気中の水分の補正を行う等，各種の補正が必要である．このような問題に対し，地熱異常のない地点と地熱地域との諸量を比較し，その差を取ることによって，地熱活動のみに起因する地熱異常を検出する手法

も考案されている (Sekioka and Yuhara, 1974). 赤外映像データから得られるものは地表からの赤外線強度であるが,適当な補正を行うことによって地表面温度に変換することができ,さらに,地表面付近の接地気象の考察に基づき熱輸送過程を推定し,温度だけでなく放熱量を推定することが可能である. 放熱量は当該地域の地熱活動の規模を定量的に示すだけでなく,地熱系のモデリングにおける地表面における境界条件を与える量ともなり,重要な観測量である.

次に航空機(ヘリコプターを含む)に搭載したセンサーからの探査法について述べる. 航空機による探査法は,人工衛星に比べ一般に空間分解能が高い.

まず,レーダー映像法が挙げられる. これは航空機からマイクロ波を発射し,その反射強度を測定し,特にリニアメント抽出あるいは地層境界の検出に使われる. また,SAR (Synthetic Aperture Radar,合成開口レーダー) と呼ばれる装置では,繰り返し観測により標高差の時間的変化を検出できる. なお,この装置は人工衛星にも搭載されて利用される.

空中写真法は従来から使われてきた方法であるが,近年も使われており,地質図の作成,リニアメントの検出,変質帯検出等に利用される. 近接した2枚の写真を立体視することによって高度差を強調して表現でき,断層の検出に有効である.

航空機を利用した空中赤外映像法もしばしば使われる. 地熱徴候分布図,地表面温度分布図の作成,さらには地表からの放熱量の推定に利用することができる(湯原ほか,1987).

空中磁気探査法では航空機に搭載した磁気センサーにより任意の高度の磁気分布を測定し,標準磁場を差し引くことによって磁気異常を検出し,地下における磁性体分布を明らかにする. 火山岩は多くの場合,強磁性鉱物であるマグネタイトを含んでおり,それによる磁気異常分布から火山岩体の分布を明らかにする. また,火山岩は熱水変質を受けることにより常磁性に変化することから,火山岩体中での変質帯の発達に関する情報を得ることができる. さらに,磁気異常分布図に,キュリー点法を適用することにより,磁気が消失する深度(マグネタイトであれば580°C程度に相当)を推定することができる. 日本列島全土で得られたキュリー点等温面分布(大久保,1984)を図4.1に示す. この図より,日本列島の火山フロント背後でキュリー点深度が浅くなっていることがわかる. これは,日本列島規模で,地殻熱流量が火山フロントを境に急上昇していることと,よく一致していることを明確に示している.

空中電磁法では,航空機に搭載した磁場および電場のセンサーで磁場および電

図 4.1 キュリー点等温面分布による温度解析例（大久保，1984，第 3 図；CC BY）

場を測り，地下の比較的浅部の比抵抗構造を明らかにする手法である．わが国において適用例は少ないが，九州地方や東北地方の国立公園内の地熱資源調査が計画されており，今後，新たな地熱資源が発見される可能性がある (JOGMEC, 2013).

　重力探査は主として地上で行われるが，資源探査を目的として，空中から重力探査も行われるようになってきた．重力探査は特に，基盤岩の形状把握や断層検出を目的として用いられる．近年，空中探査により重力勾配を直接検出することが可能となり，今後，九州地方や東北地方の国立公園内での使用が計画されており，従来見つかっていなかった地熱現象と関係した大規模な断層が検出される可能性が期待される（現場写真 5）．

4.2.4　地上からの探査

　地上からの探査は，地熱地域が存在する山岳地域では，必ずしもアクセス容易な道路等がないことも多いが，地上では任意に測定間隔を密にできる利点があることから，空間分解能が高いデータを得ることができ，地熱探査において

現場写真 5
ヘリコプターからの空中地熱探査の様子（左）と搭載機器の一例（右：重力鉛直勾配測定装置（後方）および記録装置（前方）：JOGMEC 提供）

は，依然として最も有効な探査法である．

4.2.4.1 地質学的探査法

地熱探査における主な地質学的手法としては，地質構造調査，断裂構造調査，変質帯調査，火山岩の年代測定，流体包有物の充塡温度測定等がある．以下に，個々に簡単に紹介しよう．

(a) 地質構造調査

この手法は，地表地質踏査に基づいて地質層序を明らかにし，地質図（平面図）や地質断面図の作成により地質構造を示すものである．地質断面図の作成に当たっては，物理探査結果やボーリングデータを利用することもある．地質図そのものは地熱探査だけに用いられるものではなく，一般的な地下に関する基礎資料であるが，熱や水の流れが生じる背景的な場を明らかにするという意味からも欠かすことのできないデータである．

(b) 断裂構造調査

地熱流体の流れは主として，断裂（断層や変位を伴っていない割れ目等）によって規制されていると考えられるので，断裂の検出は極めて重要である．地表で見られる断層が必ずしも地下深部にまで伸びていないこともあるが，地下深部の断裂系が，地表で見られる断裂系と共通の形成年代や共通のメカニズム（正断層とか逆断層などの断層形成メカニズム）を持つ場合も多く，地下の断裂系を予測するうえで有用な情報となる．地表踏査においては，断裂面（多くの場合は断層面）の形状，方向，規模（長さ，幅），断裂の相互関係（交差する断

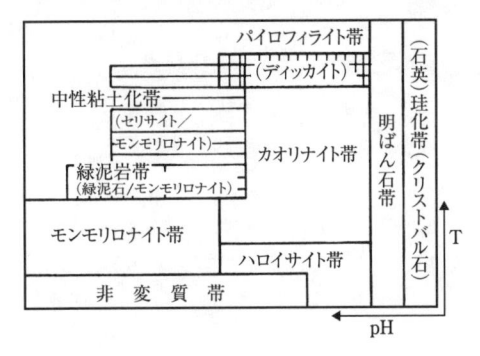

図 4.2 熱水変質鉱物生成の温度・pH 条件（金原，1982 を基に作成）

層のうち，どちらが先に動いたか），断裂の密度等を明らかにする．
(c) 変質帯調査
　地熱地域の地下深部もしくは地表近くの高温状態で，岩石と水（主として熱水．水蒸気の場合も可能）が接触し，様々な化学物質を溶脱したり，逆に取り込んだり，あるいは新たな鉱物（変質鉱物という）が形成されたりして，岩石はもともとの岩石とは異なった状態に変わるが，これを熱水変質（あるいは地熱変質）と呼んでいる．この岩石–熱水反応では，反応時の温度・圧力・pH などの化学的条件に特有な変質鉱物が生成される．図 4.2 にその例を示した．この図によれば，熱水変質は主として，関与する水の温度と pH によって規制されていることがわかる．変質帯は肉眼的にその色の特徴から，大きく 2 つに分けられる．1 つは白色変質帯であり，もう 1 つは緑色変質帯である．白色変質帯の場合は，酸性熱水または噴気凝縮水によって岩石が変質を受ける（したがって，酸性変質帯とも呼ばれる）．変質帯はまた帯状配列を示すことが多く，熱水の地表への通路の重要な情報となりうる．一方，緑色変質帯は，中性～アルカリ性の熱水により岩石が変質を受けた場合に見られる．地表で白色の酸性変質帯が見られても地下では緑色変質帯になっていることも多い．緑色変質帯は変質に関与した熱水の pH が中性～アルカリ性であることを示しており，現在も高温の熱水が存在するとすればそのような熱水が存在することを示すので，発電に適する熱水であることを示す重要な指標にもなっている．
(d) 火山岩の年代測定
　火山地域では種々の火山岩が存在しており，地質層序から新旧関係はわかるが絶対年代はわからない．そこで，火山岩の生成年代（実際に測定するのは，

マグマが冷却し，固化を始めてから現在に至るまでの時間）を測定し，現在の熱源（火山岩のもととなるマグマ溜り）の状態を推定する．これまでの経験から，当該火山地域の最も新しい火山岩生成の年代が今から100万年前以降であれば，現在も地熱発電が行えるような高温の地熱貯留層が存在していることが経験的に知られており（玉生，1996），火山岩の生成年代を決定することは重要である．火山岩の生成年代の決定は岩石中に含まれる放射性元素の含有量から推定する．その基本的な考え方は以下のようである．放射性元素（U, Th, K, Ar, Rb 等）は，親元素とそれが崩壊して生成される娘元素が時間とともに変化するので（$A = A_0 \cdot \exp(-\lambda t)$，$\lambda$ は減衰定数，t は時間），その比から，その火山岩の生成年代が知られる．なお，放射性元素は液体のマグマ中では移動してしまうので，固化が始まり移動ができなくなってからの年代が，その火山岩の生成年代として決定されることになる．厳密にいえば，溶融マグマと固化マグマの年代は異なるが，固化までの時間と固化以降現在に至るまでの時間は大きく異なるので，固化開始以降の年代が，実質的にマグマが冷却を開始した時間と考えても大きな間違いはない．

　決定された種々の火山岩の年代は，火山活動史，さらには熱源の評価に利用される．1つの火山地域で各種の火山岩の年代が測定され，火山活動が時間的に移動したことが知られる例もある（たとえば図4.3）．なお，同様な手法で変質帯の年代測定も可能であり，熱水変質の発生時期を知ることができ，地熱系の発達史を知ることができる場合もあり，熱源の評価（現在も地下で高温が維持されているかどうか）にも利用できる．また，当該地熱地域の時間的な発達史を解明するのにも使われる．

(e) 流体包有物の充填温度測定

　地熱貯留層中に掘削された岩石コアの中に微小な（ミクロンオーダーの）地熱流体が捕獲され，それが冷却した後も岩石中に保存されている場合がある．捕獲された時点では高温で，流体が空隙を満たしていたと考えられるが，時間の経過とともに冷却し気泡とともに流体が取り残されている．これが流体包有物と呼ばれるものである．この流体包有物を顕微鏡上で加熱していき，気泡が流体と一体化した状態を「充填された」と呼び，このときの温度を流体包有物の充填温度と呼び，流体が地熱貯留層中で岩石内に閉じ込められたときの温度を再現していると考えられる．すなわち，流体包有物の充填温度を測定することにより，地熱流体生成時の温度を知ることができることになる．一方，充填温度とは独立に，温度検層により，その部分の現在の温度が測定され両者を比

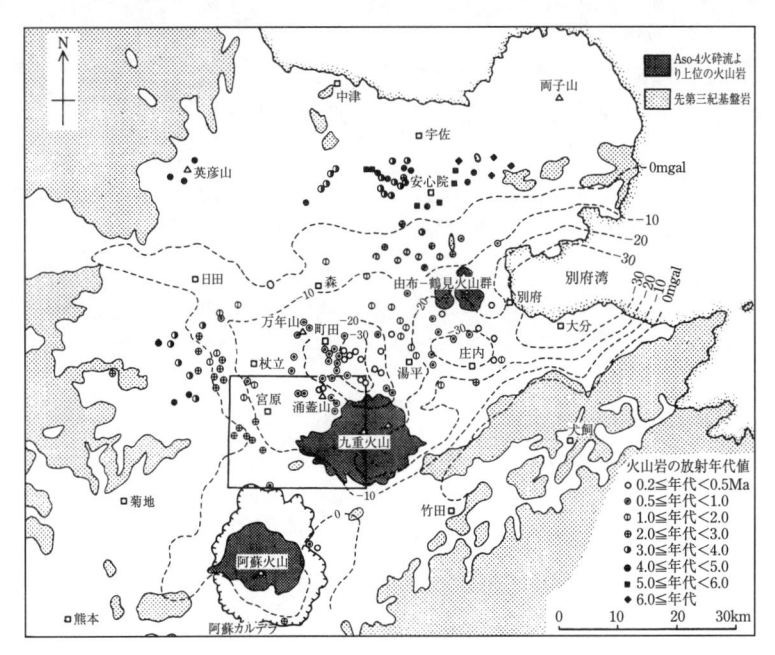

図 4.3 火山岩の年代分布（大分県九重火山の例）（鎌田，1997；CC BY）

較することができる．流体包有物の充塡温度と検層温度がほぼ同じであれば，この地熱貯留層が生成されてからあまり時間が経過していない，すなわち若い地熱貯留層といえることになる．一方，充塡温度に比べ検層温度が大きく下がっている場合には，地熱貯留層形成時には高温であったにしても，現在は時間が経過し低温になっていると評価されることになる．このように，流体包有物の充塡温度は地熱貯留層の時間的履歴を議論するのに重要な情報となる．

なお，流体包有物の充塡温度の測定では，深度ごとに多くの試料（10〜30個程度）について測定されるが，得られる温度範囲が広い場合が多いようである（100°Cを超えることも少なくない）．そして，経験的には，温度範囲の下限側が現在の温度に近いことが多いようである．このようなことから，充塡温度分布から，現在の温度に至る過程について議論されることになる．また，掘削中の坑井内温度を知るために，次々と掘り上がるスライムの流体包有物充塡温度を現場で測定し，地下温度を推定することが可能であり，実際に適用されている．掘削中は，温度センサーを降ろすことはできず，地下の温度状態は坑口に戻る掘削用循環水の温度で間接的に推定せざるをえないので，流体包有物の充

墳温度測定は重要な現場情報といえる．

4.2.4.2 地球化学的調査（地化学探査）

地熱地域からは温泉あるいは噴気の形で地熱流体が放出されている（現場写真6）．また，坑井調査によって，地下深部に存在する熱水を採取することもできる．これらの流体（地表水，湧水，温泉水，火山ガス，坑井から採取された熱水等）はいろいろな化学成分を溶かし込んでおり，地表における化学分析値から地下の状態を推定することが可能である．地熱探査における主な地球化学的手法としては，地熱地域に存在する各種の水の化学分析，地化学温度計の適用，同位体比測定，熱水の年齢測定，土壌中のガス成分測定等が挙げられる．以下では，要点を個々に紹介することにする．

(a) 各種の水の化学分析から得られる情報

温泉水，地熱水，噴気はそれぞれ種々の化学成分を含んでいる．それらの化学成分は，それらの流体が元々含んでいたものもあり，それが地表に流出してくるまでに，別の流体や地表水と種々の割合で混合してきたものもあると考えられる．また，岩石から溶出した成分も含まれる．このことは各種の水の化学成分分析を行い，その成分相互の相関解析より，各種の水の生成機構の分類あるいは混合関係を明らかにすることができることを示している．

地熱–温泉系（熱水系と関連する温泉水系の総称）は地球化学的に見ると，その生成にいくつかの代表的なタイプがある（日本地熱学会，2010）．深部熱水系は地熱貯留層の熱水系であり，ほとんど例外なくNaClを主成分とする．温泉

現場写真 6

高温噴気孔からの火山ガスの測定．噴気孔にパイプを差し込み，少しずつ火山ガスを冷却しながら採取する．分析は実験室に持ち帰って行う．

の主要陰イオンが Cl であり高温であると，それは深部熱水系の熱水が混入して生じた温泉（熱水滲出型）の可能性が高い．熱水が混入しなくても，熱水系から派生した蒸気中の H_2S は酸化されて SO_4 イオンとなり，それが陰イオンの主体となった温泉は蒸気加熱型温泉と呼ばれる．ほかに熱水系からの流体の混入がなく，熱のみが伝導的に供給され浅部の地下水を加熱した温泉（伝導加熱型）もあり，成分濃度が薄い（1 g/L 未満）のが特徴である．

実際の温泉ではこれらがさらに変化を受けて様々な化学組成になるが，その過程を解明するには，存在する温泉を類型化した水系として検討するとよい．そのような類型に分類する具体的な試みの 1 つが，濃度相関マトリクス解析法である．この方法は，各化学分析値の比から成るマトリクスを作成し，2 つの試料間で一定以上の位置にマトリクスの占める割合を試料の類似性の尺度とするものであり，これにより各試料が同一水系にあるかどうかの判断をする手法である．さらに一歩進めて，ある地域の試料群に対し，試料の各成分濃度が，その地域の起源となるいくつかの水（これを起源水と呼ぶ．野田，1993）の混合により生じるとして，起源水の化学組成と混合割合を self-consistent 最小 2 乗法を用いた反復計算により求めることができ，地熱系に関する水系全体の成り立ちと混合傾向がわかる (Noda and Shimada, 1993)．

(b) 地化学温度計

各種の水の化学分析によって主要なイオンや成分の含有量がわかる．化学成分（およびその比）に基づいて地下に存在するときの熱水の温度を推定する方法が地化学温度計法である．地化学温度計は，溶解，鉱物〜水の交換反応，同位体交換，ガスの気液平衡や反応に基づく温度計に大別され，これらの溶解度，交換平衡，化学反応が温度によって制約されることから，その水の地下における状態での温度が推定される．

シリカ温度計は，熱水中のシリカ (SiO_2) 鉱物の溶解度が温度によって変わることを利用している．これは熱水の温度がより高温であるほど，岩石中からシリカがより多く溶出されることに基づいている．シリカ鉱物は，形成する環境温度の違いにより結晶形が異なり，また，変質も結晶形を変える要素であるが，結晶形によっても溶解度は異なり，溶けやすい順に石英 > カルセドニー > クリストバル石 > 非晶質であることが知られている．高温の地熱系の場合は，概ね石英の溶解度に基づくシリカ温度計を使用して差し支えないが，低温の地層や変質を受けた地層中の水試料に対しては，シリカ温度計の適用に当たって，溶解平衡にあるシリカ鉱物が用いる温度計に合致しているか注意する必要がある．

水と平衡にあるシリカ鉱物が何であるかを確認しないと誤った（高すぎる）温度が得られるので注意を要する．なお，高温の地熱系の場合，熱水が断熱的に上昇するか，あるいは上昇するときに熱伝導的に冷却するかによって，蒸気の逸散がシリカ濃度に影響するため用いる温度計（石英温度計）が異なる (Fournier, 1977). たとえば，熱水が断熱的に上昇するときには以下のような推定式が得られている．

$$t\ (^\circ C) = \frac{1533.5}{5.768 - \log SiO_2(ppm)} - 273.15 \tag{4.1}$$

熱水中に含まれる Na, K, Ca 等の陽イオンは岩石と水との交換平衡により濃度が決まる．アルカリ比温度計はこの原理に基づいており，多くの経験式が提案されており，Na, K の 2 つのイオンを用いるもの，Na, K, Ca の 3 つのイオンを用いるもの等がある．これらは，熱水中の鉱物（たとえば，斜長石やアルカリ長石）と熱水との間で，これらイオンに関して化学平衡が成り立っていることを利用している．

たとえば，Na-K-Ca 温度計 (Fournier and Truesdell, 1973) の場合，以下の式が得られている．

$$t\ (^\circ C) = \frac{1647}{\log (Na/K) + \beta \log \left(\frac{\sqrt{Ca}}{Na}\right) + 2.24} - 273.15 \tag{4.2}$$

ただし，$\sqrt{Ca}/Na > 1$ および $t < 100^\circ C$ のとき $\beta = 4/3$, $\sqrt{Ca}/Na < 1$ および $t > 100^\circ C$ のとき $\beta = 1/3$.

Na, K, Ca の単位は mol/L．なお，Mg に対する補正式 (Fournier and Potter, 1979) が，Mg 濃度が無視できないときのために用意されている．

同位体温度計の代表的なものとしては，SO_4（硫酸塩）と H_2O（水）の $^{18}O/^{16}O$ の同位体交換反応の温度依存性を利用した温度計 (Lloyd, 1968) が有名である．火山ガス中のガス成分間の化学平衡も温度によって規定されており，いくつかの化学成分を使った地化学温度計が得られている．たとえば，硫化水素–水素–メタン–二酸化炭素を利用した経験式が得られている (D'Amore and Panichi, 1980).

地化学温度計を的確に適用するためにはいくつかの注意が必要である．温度計は試料水が化学的に平衡かそれに近い状態にあることを前提としており，平衡状態はそれぞれ適用可能な温度範囲がある．また，平衡化の速度が異なり，概ね速い順に，ガス温度計 > 溶解平衡温度計 > 交換平衡温度計 > 同位体温度

計である (Truesdell and Hulston, 1980). そのため，地熱貯留層の熱水温度の測定には，あまり平衡化が速くなく，また遅すぎない溶解平衡温度計と交換平衡温度計が適切と考えられている．同位体温度計は平衡化速度が遅いため，しばしば地熱貯留層より深い場所の温度を示すと解釈されることが多い．なお，ガス温度計はまだ有効性の評価が定まっていないので，参考に留めた方がよい．

温泉への温度計の適用は，熱水滲出型までであり，その場合も地熱貯留層の温度を求めるには外挿技術が必要なことがある．いったん平衡状態にあっても，その後，混合や希釈が行われると，平衡からずれて地熱貯留層の温度を求めるのが難しくなる．適切な温度を求めるには，適用可能性のある複数の温度計を用いて検討するのがよい．蒸気卓越型の地熱貯留層の場合，いずれの地域においても，蒸気の温度は約 240°C，圧力は約 3.4 MPa（飽和蒸気が最大エンタルピーを示す状態）になっていることが多いと考えられるので，地化学温度計の意味は薄れる．

(c) 同位体比測定

水は酸素と水素から成り，それらは安定同位体（酸素であれば ^{16}O, ^{18}O，水素であれば ^{1}H, $^{2}H(D)$）を持っており，試料の同位体比と標準試料の同位体比との違いから，水の起源，すなわち，天水起源かマグマ水起源かを解明することができることは既に 3.2 節に示したので参照してほしい．

(d) 熱水の年齢測定

水の中には水素が含まれているがこの水素の中には放射性の同位元素トリチウム（三重水素 ^{3}H または T と書く）も含まれている．このトリチウムは普通地上では生成されず，高層からの宇宙線中に含まれる中性子 (n) の作用によって，高層大気中の窒素 (^{14}N) から炭素 (^{12}C) とトリチウム (^{3}H) が形成されることに起因している．トリチウムの半減期は 12.26 年である．このトリチウムが雨水とともに地上に達し，地下に浸透すると大気中のトリチウムが補給されなくなるため，地下水中のトリチウムは減少するだけになる．したがって，湧出した水のトリチウム濃度を測ることによって，その水が地下に浸透していた時間すなわち水の年齢がわかることになる．この方法は熱水の年齢を推定する方法として極めて有効な方法であるが，実は 1953 年以降の一連の大気圏内水爆実験により人工的に大量トリチウムが形成されてしまったので，現在では理想的な形では利用できなくなっている．しかし，現在でも，水のトリチウム濃度を測ることにより，水爆実験によって大量の人工的トリチウムが形成された時点（1953 年）より以前のものか，あるいは以後のものかの判断は可能である．

(e) 地球化学的手法による地熱開発ターゲットの探査

地熱開発ターゲットの探査は地球化学の重要な役割の 1 つである．地球化学探査は温泉などの液体試料，土壌，岩石などの固体試料，噴気ガス，温泉付随ガス，土壌ガスなどの気体試料を対象として，地熱開発ターゲットの示徴を探るものである．

温泉活動に関係する物質については，古くから様々な探査指標が挙げられており，White (1970) はこれをまとめて，(1) 高 SiO_2，(2) 低 Na/K，(3) 低 Ca と低 HCO_3，(4) 低 Mg，低 Mg/Ca，(5) 高 Cl，(6) 高 Na/Ca，(7) 高 $Cl/(HCO_3+CO_3)$，(8) 高 Cl/F，(9) 高 H_2（付随ガス），(10) 珪華（沈殿物，石灰華は低ポテンシアル）としている．これらはいまでも地球化学探査の有効な定性的指標であり，いくつかは前述の地化学温度計を構築する上の基礎となった．野田 (1987) はさらに向上させた指標として，アニオンインデックス (A.I.) $(A.I.=0.5SO_4/(Cl+SO_4)+(Cl+SO_4)/(Cl+SO_4+HCO_3))$ を示している．この利用法の一例について，本項の最後に紹介する．

土壌中には土壌粒子間の空隙に空気が存在しているが，その中に，CO_2，Rn（ラドン），Hg（水銀）等が含まれていることがあり，これらの測定から地下の地熱流体に関する情報を得ることができる．すなわち，地熱貯留層に含まれるこれらの物質が，蒸発等によって地熱貯留層から分離し上昇した場合，断裂のような透水性の良い地層中を選択的に上昇することが考えられる．したがって，土壌空気中のこれらの物質の濃度分布から，流体通路としての断裂等の存在を推定することにより，結果として，さらにその深部における地熱貯留層の存在を推定するというものである（現場写真 7）．

現場写真 7
土壌中に数十 cm の穴を開け，土壌空気中の土壌ガスを採取する．

まず，CO_2 であるが，土壌中では一般に大気中よりも濃度が高いが，それはマグマ起源や，植物の根呼吸等による有機性起源の CO_2 等が存在するからである．したがって，CO_2 濃度が高いからといってマグマ（あるいはその上部に発達する地熱貯留層）が地下にあるとはいえないが，その1つの根拠にはなる（なお，炭素同位体比を測定することによって，マグマ起源の CO_2 かどうかの識別が可能であり，実施されている例もある）．なお，この土壌中の CO_2 濃度測定は従来から行われてきており，地熱探査法として有用な場合もあったが，必ずしも明瞭な結果が得られない場合もあった．これは土壌中の CO_2 濃度分布には地熱活動起源以外のノイズの影響があったこと，および従来の測定では空間的な測定密度が必ずしも十分ではなかったことに起因している可能性がある．近年，地表面からの CO_2 放出量を測るポータブルな測定装置が出現し，高密度の観測が行われた結果，貯留層探査法として有望な結果が南イタリアの地熱探査で得られているなど，土壌中の CO_2 について見直されつつある（前田ほか，2012）．

ところで，地表面からの CO_2 放出量の測定装置に比べ，CO_2 濃度検知管（北川式）は極めて安価であり簡便である．この CO_2 放出量と検知管による土壌中の CO_2 濃度との間には良い相関関係が得られており（前田ほか，2012），簡便な検知管による CO_2 濃度測定法であっても，空間的な測定密度を増やせば有意な結果が得られる可能性があり，検知管による土壌 CO_2 濃度測定法を再検討する価値は十分あると考えられる．

地殻中のウランが放射崩壊すると最終的には不活性のラドンガスとなる．このラドンガスの場合も，地殻中を上昇するとき，断裂などの透水性の良い地層を選択的に上昇すると考えられ，やはりその濃度分布から地下での地熱貯留層の存在を推定することができる．

さらに，有力な物質が水銀（蒸気）である．水銀は極めて揮発性の高い物質であり，温度とともにその蒸気圧は飛躍的に大きくなる．そのため，地下に高温資源が存在すると，その地表部には高濃度水銀のハロー（高濃度帯）が形成されるので，その空間的分布を測定することによって，地下での地熱貯留層の存在を推定できる可能性がある．地表部での水銀の測定には，土壌中水銀測定，金線法（野田，1982），携帯型気中水銀測定（野田ほか，1993）の3つの方法があり，現場の状況や準備できる機材に従って使い分ける．土壌中水銀測定は，汚染のない1m深あるいは土壌B層（1m深の有機物に乏しい鉱物が風化した層）中の土壌に吸着した水銀を測定する．金線法では地中の1mピットに一定

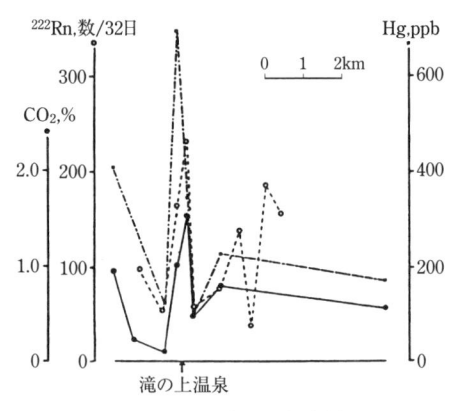

図 4.4 土壌ガス探査例

期間，金線を吊るして吸着した水銀を測定する．携帯型気中水銀測定では，地表にお椀型のパッカーを設置し内部に地中から上昇してくる水銀を測定する．

以上のそれぞれの物質の単独の測定ではそれらの存在の固有の理由により異常濃度を示すことがあり，誤った認識を与える可能性があるが，複数の調査を行い濃度分布の一致の程度を見ることによって，断裂さらには地熱貯留層存在の可能性をより高めることができる．そのような例を図 4.4 に示す（茂野ほか，1980）．

林 (1982) は，坑井内で観測または推定された最高温度 T_m，その深度における水の沸騰曲線が示す温度 T_b，および，平均的な地温勾配 ($3°C/100\,m$) によって得られる温度 T_g を用いた次式が示す値を活動度指数 (AI) と定義した．

$$AI = \left(1 - \frac{T_b - T_m}{T_b - T_g}\right) \times 100 \tag{4.3}$$

AI は地熱地域や地熱井の資源としての有望度を示す指数として有効である．ある地域の活動度指数がわかっていると，それに適切な化学温度計の温度を組み合わせると，地熱資源の存在深度の推定が可能である．活動度指数は坑井の温度データがあると知ることができるが，坑井データがない場合，前述のアニオンインデックス (A.I.) の第 2 項 $(Cl+SO_4)/(Cl+SO_4+HCO_3)$ は活動度指数に相当する意味を有することから，これと地化学温度の組み合わせにより資源存在深度の推定に使える可能性がある（図 4.5）．このように，地球化学データは，前述した有望地熱資源の有望地域の平面的な存在の把握だけでなく，深度方向にも資源の存在を推定し，有望資源の開発ターゲットの探究に役立てることができる．

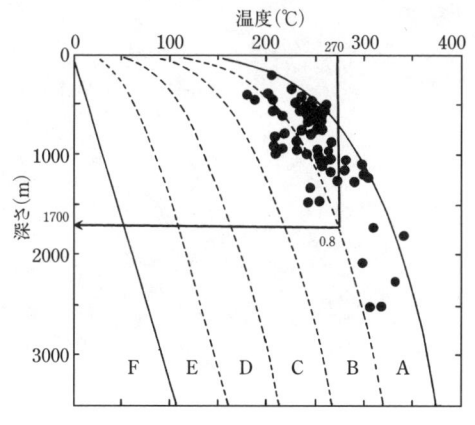

図 4.5 地化学データによる資源分布深度の推定

4.2.4.3 地球物理学的調査（物理探査）

地球物理学的探査法（単に物理探査法とも呼ばれる）は，熱的，電気・電磁気的，地震的，磁気的，重力的手法等多様なアプローチがある．そして，地球物理学的手法は，地質学的あるいは地球化学的手法に比べ，深度方向のより精度の高い情報を与えてくれる．以下では物理探査の各手法について紹介することにする．

(a) 熱的手法

熱的な調査法は地表面から深部に向かって各種の手法がある．まず，地表面温度測定がある．これは赤外線を利用して地表面温度を推定するものである．現在では，ポータブルで2次元温度分布を簡便に測定する機器が比較的安価で市販されている（現場写真8）．地表面温度分布は太陽放射の影響を受けるので，太陽放射の影響の最も少ない日の出前に測定を行うのが望ましい．また，測定器と対象の間に存在する水蒸気の量を知ることにより，大気中での赤外線の吸収を補正することができる．しかし，地表面温度の利用は地熱異常分布の確認だけではなく，むしろこれを用いて放熱量を求めることの方が大事である．この場合，地熱地域内の地点と地熱地域以外の地点との温度差を意味あるものとし，熱収支法等を用いて放熱量を求める方が実際的で意味があると考えられる．熱収支法 (Sekioka and Yuhara, 1974) とは，対象地熱地域の地表面温度 (T_i) と周辺の非地熱地域の温度 (T_0) との差と，地熱流量係数 (K) という接地気象学的に決まる熱輸送を規定する定数との積から，対象地点の熱流量を算出し，そ

現場写真 8

火口縁に赤外映像装置を設置し，火口表面温度を測定する（阿蘇火山）．

れを対象とする面積（S_i）について積算し，対象地域全体から放出される放熱量（Q）を $Q = K \sum_{i=1}^{n}(T_i - T_0)S_i$ から求める方法である（n は対象地点の数）．

　地表面温度測定に次いで行われる熱的手法は 1 m 深地温測定である．一般に地下数十 cm 以深では気温の日変化の影響はほとんどなく，また 1 m 深の孔を開けることは比較的容易なのでよく行われる．1 m 深の地温においては，日変化はほとんどないが年変化は存在しており，測定期間が長くなる場合，あるいは測定時期の異なる地温データを比較するためには季節変化を補正する必要がある．年変化の影響がない深さでの温度測定を行うためには，中緯度地域では深さ 15〜20 m 以深で行う必要がある．この深度は既に人力で削孔することは困難である．さらに，地下 100 m 以深で温度測定を行えば，一般に浅層の地下水流動の影響も少なくなり，また，温度勾配だけでなく地層の熱伝導率も測定すれば，伝導的熱流量を決定することができる．熱伝導率の測定は，土壌の場合は熱伝導棒法と呼ばれる方法で測定可能である（浦上，1974）．この方法は，柔らかい土壌の熱伝導率を測定する熱針法と同じ原理に基づいている．一方，固化した岩石の場合はボックスプローブ法が適用できる．さらに，地熱発電を目指すような調査においては，400〜500 m 程度の調査孔（ヒートホール）によって地温調査を行うこともある．さらに，深いボーリング坑が地温調査等の目的で掘削されるが，これは 4.3 節の掘削調査で記すことにする．

　(b) 電気・電磁気的手法

　この手法は，地下の比抵抗分布を明らかにするために利用される．地熱貯留

層は高温であり含水量が多く，そしてその水は高い塩分濃度にあり，それらはいずれも比抵抗値を低くするので，低比抵抗ゾーンを検出して地熱貯留層を探すことが大きな目的となっている．ただし，低比抵抗値はキャップロックとなっている変質帯でも見られ，低比抵抗帯が地熱貯留層ではない場合もある．また，むしろ，高比抵抗層中の低比抵抗部分に熱水が存在する場合もあり（断裂型地熱貯留層の場合，十分想定される），地域ごとに慎重な解釈を行っていく必要がある．

比抵抗値を知るために従来からもっとも採用されてきた方法は比抵抗法である．この方法では，一般に4本の電極を用い，1組の電極から電流を流し，もう1組の電極で電位を測定し，これらから電極間地下の見かけ比抵抗値を求め，さらに，層構造を仮定して，各層の比抵抗値を求めることになる．こうして求められる1次元的構造だけではなく，測線に沿った2次元的解析が行われることも多い．比抵抗法は浅部の比抵抗構造を明らかにするには使えるが，数百m以深〜数km程度の深部の比抵抗構造を解明するには，それに応じて測線を長く取ることが必要であり（一般に探査深度の数倍）山岳地域では測定が困難なことが多い．そのため，深部探査にはMT法（地磁気地電流法）が採用される．MT法では，上空の磁場変化に伴って地中に誘導される電流の流れ，さらにそれに伴う地磁気の変化を測定し，それらから地下の比抵抗分布を知る方法である（現場写真9）．より周期の長い電磁場の変化を使うことによって，より深部の構造を知ることができる．近年では解析手法も発達し，2次元比抵抗分布だけでなく3次元比抵抗分布も得られるようになってきている．地熱地域の比抵抗分布は複雑であり，2次元解析では真の構造を解明できないことも多いのが実情である．測定結果の一例（3次元断面図）を図4.6に示す．

また，自然電位法と呼ばれる手法もある．これは地下における熱水流動に伴って発生する流動電位分布を明らかにし，熱水の上昇部分では正異常，熱水の下降部分では負異常が現れることを利用したものである．山岳地域では，一般に地表面付近では山腹に沿って地表水が流下するので，標高が下がるに従って自然電位が低くなる傾向があるが，火山体の中心部で熱水の上昇がある場合には，火山体中心部で高異常が得られることが多くの火山体で知られている（西田，2013）．

さらに流電電位法と呼ばれる手法もある．これは，鉄管である坑井のケーシングを電極として電流を流し，ケーシング周辺に発生する電位分布を測定し，その異常分布から坑井周辺の地下比抵抗分布を知る手法である．地熱貯留層内に

現場写真 9

磁場測定用のコイル（直交する 2 成分．ここでは異なる周波数帯域のもの 2 組が設置されている）を地表に設置し（風がある場合には，地中に設置する），離れた地点に記録計を設置し，観測する．

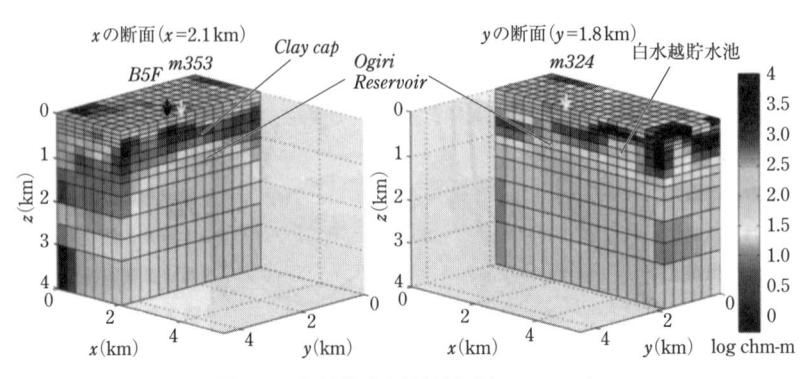

図 4.6 比抵抗分布解析例（内田，2011）

掘削された坑井を電極として利用する場合，地熱貯留層の広がりに関する情報を得ることができる．

(c) 地震的手法

地震的手法には受動的手法と能動的手法がある．受動的手法とは，地震計を設置し，自然界に生じる震動現象を観測するものであり，微小地震観測法と地熱微動法がある．微小地震観測法では対象地域に多点の地震計を配置し，自然地震を観測し震源決定を行い，震源の線状配列を見出し，地熱流体が流動する断層構造を決定するというものである．また，震源の深さを正確に決定することに

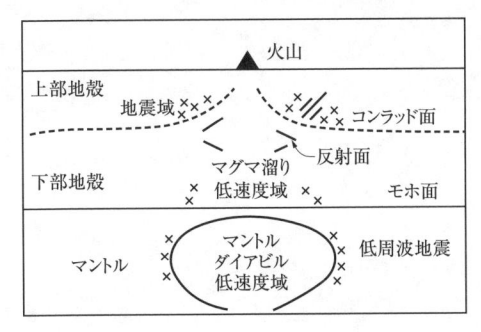

図 4.7 火山体内の震源分布と温度の関係（長谷川ほか，1991）

より震源の下限深さを決定し，その境界から岩石の脆性–延性転移温度（400°C程度）の位置を推定することもできる．火山地域においては，一般に地下温度は中心部ほど高温になっていると推定されるが，それに対応するように，火山体中心部ほど震源が浅くなっていることが検出される火山も多い．図 4.7 にそれを概念的に示した例を示す．

地熱微動法とは，地下における蒸気の動き，あるいは熱水から蒸気への相変化に伴って生ずる連続的な振動を観測し，その振動源の深さや地熱微動生成のメカニズムを明らかにすることによって，地下構造や地熱流体の性状を推定するものである．この研究の当初は深部における地熱微動の発生も想定されたが，地熱微動が発生していることは確かであるものの，その起源深度は数十 m 程度以深と浅く，地熱貯留層に直接結びついたものとは考えられていないようである．地熱微動法によって地熱地域中心部に高振幅が得られた例を図 4.8 に示す．

一方，能動的地震探査法には屈折法と反射法がある．屈折法は人工地震波の初動の到達時刻差より地下の平均的地震波速度構造を求めるものであり，基盤構造の決定に適している．しかし，地熱貯留層に直接関係する情報は得にくいといえる．一方，反射法は地下の精密な構造を描き出すのには優れており，反射面の追跡から，その食い違いを見出すことが容易で，断層構造の検出に適している．石油探査では反射法は標準的な方法でほとんどすべての地域で適用されるが，地熱地域では，その高いコストと火山岩地域地下での地震波の大きな減衰により従来あまり適用されてこなかった．地熱貯留層のほとんどが断裂型貯留層であることから，その特殊性に対応可能な手法についての今後の研究開発に期待したい．貯留層検出の精度が高まれば，発電コストの削減にも大きく貢献することになろう．なお，近年，従来の測定結果が改めて見直され，その有

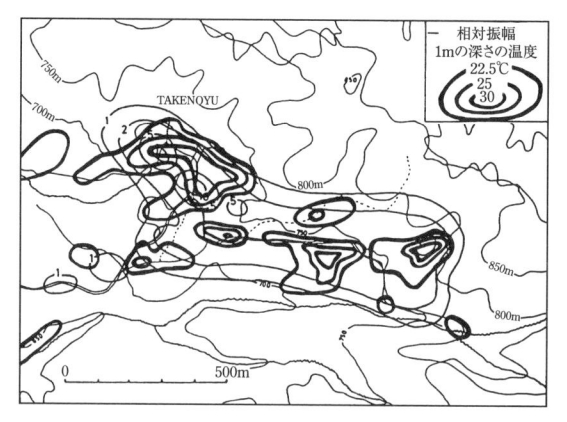

図 4.8 噴気地域における地熱微動相対振幅分布（細い実線）と1m深地温分布（太い実線）の例係（江原・北村，1986）

現場写真 10

プロトン磁力計による地磁気全磁力測定．センサーを垂直に立て観測値を読み取り，記録する．

効性が指摘されている例があり（水谷，2012），断裂型地熱貯留層の検出の観点から，反射法の地熱地域への適用は改めて検討されてよいと考えられる．

(d) 磁気的手法

地熱地域の多くは火山地域にあり，火山岩は一般に強磁性鉱物であるマグネタイトを多く含んでおり，火山岩は磁性岩体として識別される．空中磁気探査法もあるが地上からの測定は当然分解能が高い（現場写真 10）．また，火山が熱水変質を受けると磁化の強さが減少するほか，火山岩の温度がキュリー点温

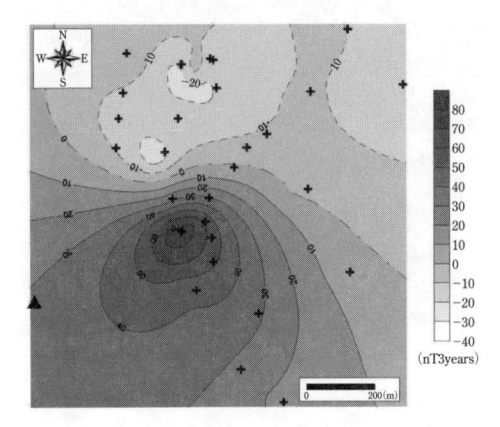

図 4.9 火山体の冷却に伴う帯磁の例 (Ehara *et al.*, 2012)
1995 年噴火後の火山体中心部での磁場変化.

度（580°C 程度）を超えると磁化の強さが減少することを利用して，変質帯の領域を決定したり，地下高温部の推定に利用したりする．また，特に火山地域では火山活動の活発化に伴って地下が高温化したり，一方，火山活動が低下したりすると地下温度が低下することが想定されるが，実際，多くの火山で，消磁あるいは帯磁現象が観測され，火山活動の推移に伴う地下温度変化と関連付けられている．そのような一例を図 4.9 に示す．

(e) 重力的手法

重力は地下の密度構造を反映する物理量である．したがって，重力異常を検出することによって，地下の密度分布を明らかにすることができ，基盤構造の解明に使われる（現場写真 11）．さらに，重力が急変する部分では地下密度の急激な変化が予想されることから断層の存在を推定するのによく使われる．そのような概念を示す例を図 4.10 に示す．また，重力の経時的変化から地下質量の変化を推論することができることから，地熱地域において重力の繰り返し観測により重力変化を明らかにし，生産還元に伴う地熱貯留層内の流体質量変化をモニタリングすることができるが，これについては 6.1.4 項に詳述する．

(f) ミューオンラジオグラフィー

従来の地球物理探査法では火山の内部構造を探るには，分解能に限界があったが，ミューオンラジオグラフィーが，新しい火山体調査法として利用されつつあり（田中，2009），地熱探査においても解像度の高い新たな探査法として展開が期待される．この方法は，太陽から放射され，地球内部を通過するミュー

現場写真 11

シントレックス重力計による地熱発電所構内での重力測定．地表に重力計を設置し，重力値を測り，記録紙に記録するとともに，内蔵メモリーに記憶する．

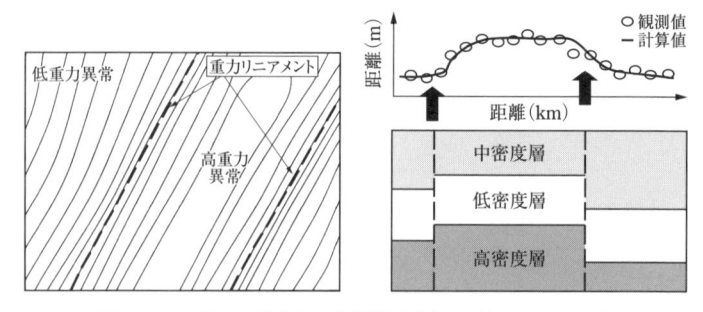

図 4.10 重力勾配からの断層検出例（田篭ほか，2012）

オンの減衰を観測し，対象の地下密度分布を明らかにする新しい手法である．その一例として，鹿児島県薩摩硫黄島火山の火道内部の構造を明らかにした例を図 4.11 に示す．このように，ミューオン観測から求められた火道内の密度分布から火道内マグマの対流のメカニズムが議論されるなど，火山現象の新しい理解に貢献している．今後，断裂型地熱貯留層の検出に応用される可能性があり，大いに期待したいところである．ただ，この方法を適用するためには，対象の後方にセンサーを設置する必要があるため，深部の地熱貯留層探査への適用性には限界があり，測定手法を含めた改善が必要と思われる．

(g) 地球物理学的探査手法と断裂型地熱貯留層の検出

上述したように，地熱地域に適用される地球物理学的な手法による探査法は多いが，現在最も多く適用されるのは電磁気的手法のうちの MT 法である．ま

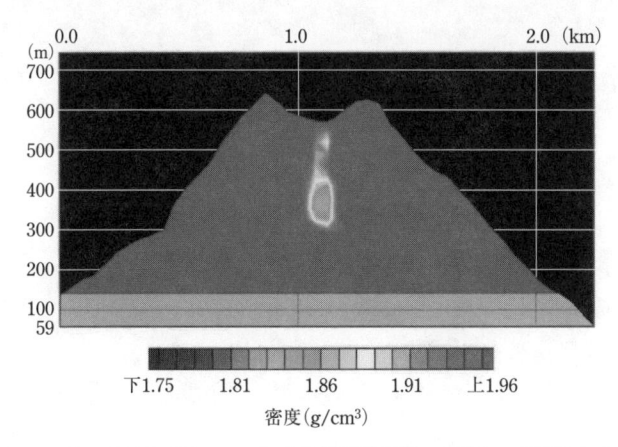

図 4.11　ミューオンラジオグラフィーによる薩摩硫黄島の火道内の密度分布（田中，2009）

た，これに次いで適用されるのが重力的手法である．比抵抗分布から貯留層領域の概略的構造を理解し，重力から推定される断層構造を援用して，断裂型貯留層構造が明らかにされている．比抵抗構造からも断層構造の推定は可能である．しかしながら，これらの手法は断裂構造を直接的に検出するものではなく，断裂の検出法としては必ずしも高精度とはいえない．実際，新規開発地点でこれらの探査結果に基づいて掘削した結果，蒸気を生産するような断裂に遭遇する確率は 50%程度である（なお，発電所の運転が長期間継続しているような場合は，地下情報に関して，多くの経験的知識も蓄積され，新たな掘削もほとんど失敗することがないほど成功確率は十分高くなる）．ただし，多くの場合，蒸気が生産されなかったり，蒸気の生産が不十分であっても，温度が予想より大幅に低かったりすることはほとんどなく，温度は高温であるが，蒸気を十分生産する断裂に遭遇しなかったものと理解される．地殻活動が活発な地熱地域においては一般に断裂が数多く発達し，透水的になっている領域が多く，地下 2 km 深程度で 2 百数十 °C を超える高温の熱伝導的構造が広範囲に存在しているとは考えにくい．したがって，失敗井（あるいは空井戸）といわれるものの多くは，十分蒸気を生産する断裂の近くに到達しているが，断裂そのものに到達していないのではないかと考えられる．おそらく，われわれは断裂型地熱貯留層の近傍まで到達しているが，最後の詰めに成功していないという状況にあるのではないだろうか．この障壁を突破するためには，さらに分解能の高い探査法，あるいはより直接的な断裂探査を目指す必要がある．そのために最も有効なこ

100   第4章　地熱の探査

ととして，高分解能 MT 法の開発とともに，地震波（反射法）の応用が考えられるだろう．特に，高温であるが蒸気を生産しない空井戸を使った地震探査法の開発が有望ではないかと期待される．

4.3　ボーリングによる掘削調査

上述したように，種々の方法を駆使して地下の構造を把握するわけであるが，その結果を確認し，さらにその後の調査・開発の指針にするために調査井が掘削される．掘削井の深度は一般に 1000〜2000 m 程度である．井戸の坑底における坑径は，通常の生産井の場合の 8-1/2 インチ（約 21 cm）に比べ小さい．しかし，生産井に転用される可能性がある場合には，生産井と同じ坑径の井戸が掘削されることもある．調査井掘削においては，一般にロータリー掘削工法が採用され，岩石コア（円柱状の岩芯）が採取され物性試験等各種の試験が行われる．なお，調査井でも場合によってはワイヤライン掘削工法が適用されることもあり，この場合，岩石コアは得られないが，スライムと呼ばれる岩石の破砕片が掘り屑として得られ，それについて種々の調査が行われる．図 4.12(a) にロータリー掘削機の概要図，(b) に実際の掘削機の写真を示した．掘削方法の概要は以下のようである．サブストラクチャにあるロータリーテーブルを回転させ，ケリーを回転させる．ケリーの下には，掘削用パイプ（掘管）がツール

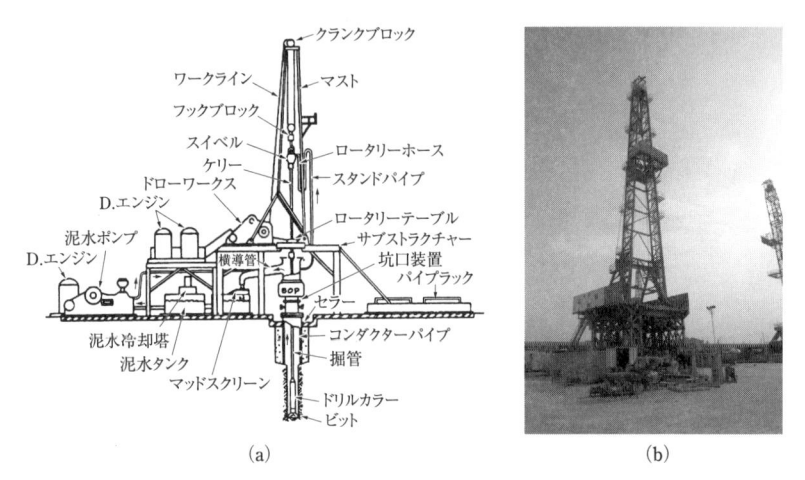

図 4.12　ロータリー掘削機の構造と配置 (a) と実際のロータリー掘削機 (b)
(a) 安田 (1982), (b) 藤貫秀宣氏提供．

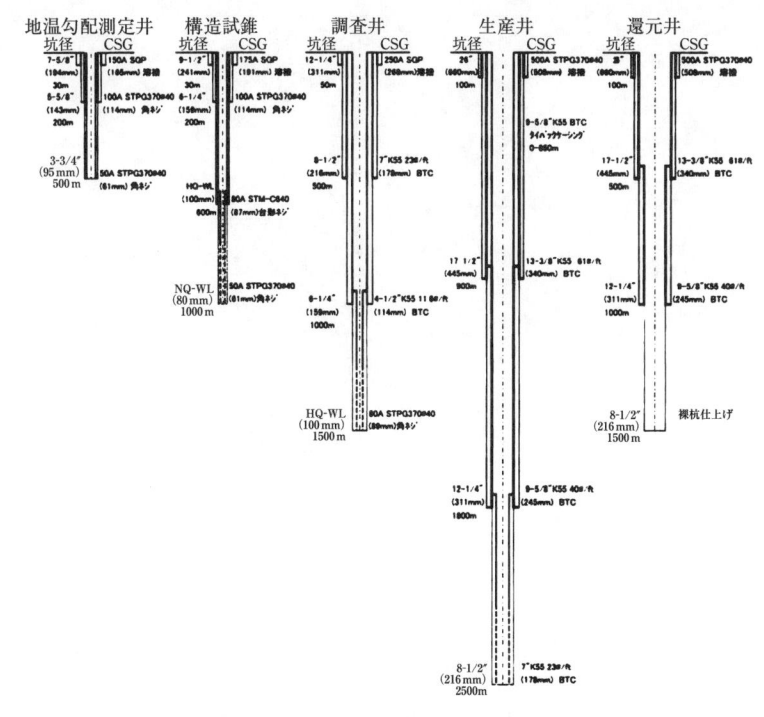

図 4.13 地熱井のケーシングプログラム例（上滝，2011）

ジョイントと呼ばれる強いねじでつながれている．そして掘管の下に，重いドリルカラーが接続されており，これにビットが取り付けられて掘進が行われる．掘り屑は，ビットの先端から噴出する泥水により，掘管の外周と掘削坑の間隙から地上へ運び出される．また，実際に掘削されるボーリング坑の形状を示したケーシングプログラムの例を図 4.13 に示した．ケーシングは一般に，浅部ほど径が大きく深部ほど小さく 3～5 段程度になっている．目標深度まで掘削後，ケーシングをセメンチングにより固定した後，さらに深部を掘削していく．掘削中はパイプ内に泥水を送り込み，掘り屑を回収しながら掘削を続ける．最終段では，岩盤の強度が強い場合は裸坑のままとするか，あるいはケーシングパイプに孔を開けた孔明管を挿入することになる．生産井の場合，その部分が生産部となる．

調査井掘削後，坑内の洗浄を行い，また，一定の時間が経過したのち，坑井内に種々のセンサーを下ろし坑井内物理検層が行われる（図 4.14）．測定される

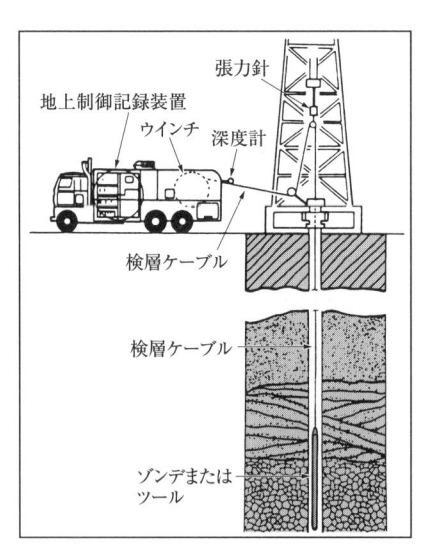

図 4.14　物理検層例（物理探査学会，1989）

項目は，温度，圧力，流量，比抵抗，弾性波速度，密度（中性子検層による），ボアホールテレビュアーによる岩石表面の直接観測等である．これらの検層は，坑井内（地熱貯留層内といってもよい）の温度，圧力，断裂の発達の程度，蒸気の生産能力の確認を行うためである．

さらに，坑井を使った様々な坑井試験が行われる．洗浄後の坑井内の流体が採取され，化学的性状が調べられる．得られた化学性状は地熱流体の地熱貯留層での温度や，どのようにして地熱流体ができたかの起源や成因を知るのに貴重な情報を与える．また pH などの流体の性状は生産・発電設備の金属材料の腐食に大きく影響するため，金属材料の選択等に考慮される．また，坑底に圧力計を降ろし，水を注入したりあるいは汲み上げたりして，それに伴う坑底の圧力変化を観測し坑井周辺の透水性を調べる．注水による圧力変化を調べる試験には，圧力遷移試験（火力原子力発電技術協会，2006）としてインジェクション試験とフォールオフ試験がある．インジェクション試験では，注水開始後のフィードポイント（生産箇所）の圧力の経時変化（圧力上昇）を測定し，フォールオフ試験では，注水停止後のフィードポイントの圧力の経時変化（圧力降下）を測定する．

調査井では多くの場合，温度・圧力測定結果あるいは断裂の発達状態を判断し，噴出‒還元試験を行う．噴出‒還元試験は，噴出井，還元井に加え，観測井

を組み合わせて長期にわたり行われる．単独の坑井の場合は，坑井周辺にピットを掘り，そこに熱水を一時的に貯めることになる．したがって，この場合，噴出試験の期間は短く，短期噴出試験と呼ばれる．坑井によっては，温度回復に伴い自噴する場合もあるが，多くの場合，人工的に噴気を導く噴気誘導が行われる．噴気誘導では坑内水面を押し下げたり，坑内水を汲み上げたり，あるいは空気を送り込んだりして流体の密度を軽くし，坑井内流体の沸騰が起こるように仕向ける．このような作業を一度行えば連続的な噴気に至る場合もあるが，何度も繰り返すことによって連続的な噴気がもたらされる場合もある．また，残念ながら噴気が連続しない場合もある．噴気が連続する場合，気液分離後の熱水は別の坑井から地下に還元することになる．もちろん，蒸気あるいは熱水の流量も測定される．また，坑井内に流量計を入れる PTS（圧力，温度，流量）検層が行われる場合もある．この PTS 検層では，任意の深度で圧力，温度，流量が測定可能である．坑井内に複数の生産個所（フィードポイント）がある場合，それらの上下の流量差から，それぞれからの流量の評価が可能である．

　噴出–還元試験の際には，圧力遷移試験としてドローダウン試験とビルドアップ試験を行うこともできる．ドローダウン試験では，噴気開始後のフィードポイント圧力の経時変化（圧力降下）を測定し，ビルドアップ試験では，噴気停止後のフィードポイントの圧力の経時変化（圧力上昇）を測定する．これらの試験は，注水試験で得られた貯留層の浸透性が実際にどうであるかを検証する意味もある．

　生産井，還元井に観測井を組み合わせると，圧力干渉試験（火力原子力発電技術協会，2006）を行うことができる．圧力干渉試験は坑井間の水理的なつながりや広域的な地熱貯留層の物理特性を求める直接的な手法であり，地熱貯留層の非等方性・不均質性，および地熱貯留層内の流動パターン等を検討することができる．圧力干渉試験では，噴出–還元試験時のほか，生産段階（地熱発電所操業中）にも実施され，生産井または還元井（これらを能動井という）の経時的な流量変化とこれに対する観測井の圧力変化を観測する．得られたデータは地熱貯留層評価，地熱貯留層管理，および温泉地に観測井のある場合は温泉のモニタリング等に利用され，併せて地震を誘発しないかどうか等も調べられる．

　坑井を使ってトレーサー試験（火力原子力発電技術協会，2006）も行われる．トレーサー試験では，ある坑井に特定の化学物質（トレーサー）を投入し，他の坑井から生産される流体におけるそのトレーサーの出現を観測する．貯留層特性が，トレーサーが注入点から生産点へ移動するのに要する時間，回収率（再

湧出率），トレーサーの回収量を用いて解析される．トレーサー試験は通常，還元井と生産井間の導通性を確認・調査するために実施され，しばしば長期噴出試験中または生産中に行われる．また，地熱井と温泉とのつながりの把握にも利用される．

第5章
地熱系モデルの作成と資源量評価

5.1 地熱系概念モデルの作成

　地質学的調査，地球化学的調査，地球物理学的調査等の地熱探査，そしてそれに引き続く坑井調査により，われわれは対象地域に関する多くのデータを獲得することになる．次の段階では，それらのデータに基づいて，当該地熱系の概念モデルを作る．これは種々のデータを統合し，推定された地下構造の中で，どのような熱と水の流れが生じているかを明らかにすることであり，典型的な断面におけるイメージ図を作成するのである．特定の断面（たとえば，当該地域を東西および南北に横断する断面に関して）についてそのような概念モデルが作成される．あるいは，複数の断面を並べて3次元的に表現される場合もある．なお，概念モデルといっても定性的であるばかりではなく，それぞれの断面に関する温度分布，圧力分布，地表からの放熱量等の数値的情報も書き入れられる．この地熱系概念モデルの作成によって，当該地熱地域において，本質的熱源（マグマ）がどこにあり，降水がどの領域から浸透し，マグマの熱によって温められ，どのように上昇し，どこに貯留されているか，そして，どこから流出があるか等，地下における熱と水の流れに関するモデル——概念的なモデル——が構築される．そのような一例を図5.1に示す．

5.2 地熱系数値モデルの作成と資源量評価

　地熱系概念モデルが作成されると今度は，地熱系数値モデルの作成に取り掛かる．データの多少により作られる数値モデルのレベルあるいは精度は異なるが，地熱発電を想定するような場合は，3次元数値モデルを作るのが一般的である．数値モデルの作成においては，3.4節で述べた3次元数値シミュレータ

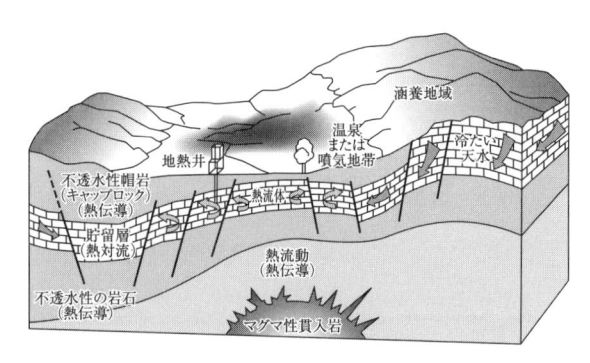

図 5.1 地熱系概念モデルの例（日本地熱学会 IGA 専門部会，2008）

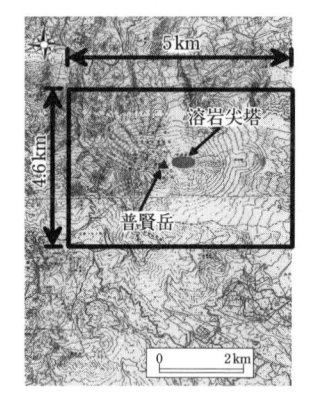

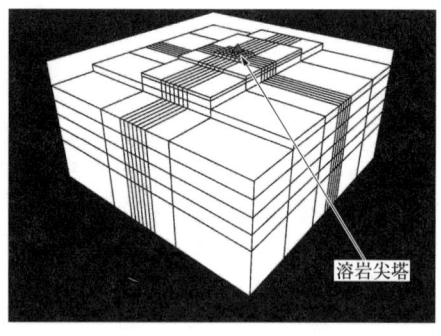

図 5.2 数値モデル作成におけるブロック分割例（雲仙火山）

が使用される．

数値モデルの作成プロセスは以下のようである．まず，モデル化したい領域を含むやや広い領域を選び出すが，多くの場合，長方形に切り出すことが多い．次に，地下のどの部分まで計算を行うかを決定する．これによって，数値モデリングで対象とする3次元的領域（一般に直方体領域）が定まる．

次に，この直方体の3次元的領域を小さいブロック（これも直方体である）に分割する．一例を図 5.2 に示す．一般に中心部ほど小さく周辺に行くほど大きなブロックとなる．通常，水平方向に数十ブロック，鉛直方向に 10～20 ブロック程度に分割され，計算対象領域のブロック数は1万個を超えることもある．

ブロック分割が決定すると，次には，各ブロックに物性定数を与える．空隙率，透水係数（あるいは浸透率），熱伝導率，比熱等である．これらは当該岩石についての測定値に基づくが，必ずしもすべて実測値が得られるわけではない

ので，周辺地域で測定値が得られていればそれを援用し，それがなければ岩石種等によって適宜与える．計算結果にもっとも影響を与えるのは透水係数で，これは井戸周辺の値は得られていることもあるが，多くの場合，得られていないので，岩石種あるいは断層の存在等によって推定値を入れておく．この透水係数については，数値計算により観測された温度，圧力，あるいは放熱量等にフィッティングさせるなかで，これらを変数として変化させ観測値を満たすような値を選択することも多い．

計算の前に与える必要があるもう一群のものは境界条件である．対象領域が直方体であれば6つの境界面があり，それぞれに熱的あるいは水理的境界条件を与える必要がある．たとえば上面境界であれば，熱的には温度一定，伝導熱流量一定，あるいは断熱等である．また水理的には，透水性あるいは不透水性などである．このようにしてすべての境界面の熱的あるいは水理的境界条件を与える．

また多くの場合，下面境界からある温度（エンタルピー）の流体の供給を与える場合もある．このように種々の状態を設定後，適当な時間間隔を設定し，熱と水の流れが十分定常状態になるまで計算を行い，それが開発前の温度，圧力，自然放熱量等を説明できるかどうかを調べるのである．一般に10万年程度の計算を行うことが多く，計算結果が得られた観測値に十分近くなるまで計算を繰り返すことになる（なお，最近は，自動的に必要な計算を繰り返し，計算値と実測値の差を最小にするようなモデルを見出す手法も開発されている）．そのようなモデルが自然状態モデルといわれるものである．次にヒストリーマッチングを行う．これは貯留層の生産還元試験等によって得られている温度圧力等の経時変化データを，自然状態モデルで説明できるかどうかをチェックするものである．

一般には，自然状態モデルは経時変化データそのままでは説明しきれない場合が多い．そこで，物性定数（多くの場合は透水係数）や場合によっては境界条件を変えたりして，必要な程度まで，計算値が観測値にフィットするように計算を繰り返すのである．観測値には幅があり，したがって，ある範囲の値のパラメータであれば観測値を説明することができる．このような効果を見るのが感度試験である．このようにして貯留層モデルを確定し，それに基づいて，当該地域ではどの程度の生産・還元量であれば長期間安定して蒸気を生産できるか（どの程度の規模の発電が可能か）を予測する．すなわち，資源量評価である．この資源量評価に使う地熱貯留層モデルは，感度試験を参考に，控え目な

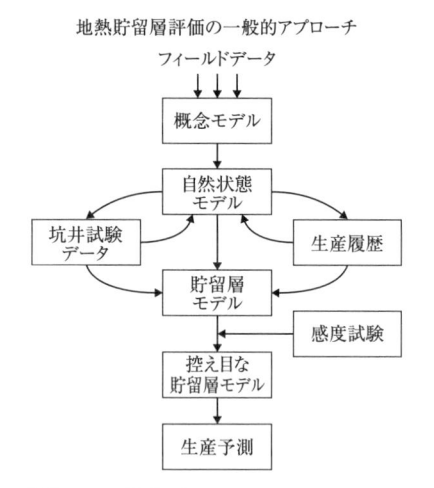

図 5.3 数値モデル作成プロセス (Bodvarsson et al., 1986)

モデルを選択することが重要である．すなわち資源量評価は安全側に行うべきである．この安全側にパラメータを選択したモデルが当該地域の地熱系数値モデル（控え目な地熱貯留層モデル）ということになる．多くの場合，少なくとも 30 年程度の期間安定して発電できる量を，建設する発電所の規模とすることになる．以上の一連のプロセスを示したものを図 5.3 に示した．

予測値の不確かさのリスクを考えると，控え目な値を選択し，地熱発電所運転開始後の地熱貯留層の反応を見ながら，可能であれは設備出力を増強していく「段階的地熱開発」が考えられる．過大な設備を建設することなく，長期間安定して発電を続けていくためには，このような「段階的地熱開発」が望ましいと考えられる．これについては 6.1.4 項に詳述する．

さて，ここまでは地熱系概念モデルの作成，地熱系数値モデルの作成，そしてそれらに基づく資源量評価について記したが，最後に実際の地熱地域に関して，概念モデルの作成から数値モデルの作成を行った実例のいくつかを紹介したい．

5.3 地熱系モデル作成の例 (1)——大分県九重火山九重硫黄山の例

これまで述べた地熱地域における熱と水の流れの取り扱いのプロセス，特に概念モデルの作成および数値モデルの作成に関する一般的な考え方に基づいて，特に地熱発電所地域においては，精緻なモデルが構築され，資源量評価ととも

5.3 地熱系モデル作成の例 (1)——大分県九重火山九重硫黄山の例

図 5.4 九重火山の写真（1995 年噴火）

に将来予測も行われている（たとえば，Yahara and Tokita, 2010）．本節では，まず，著者が関与した初歩的なモデルからより進んだモデル作成に至るプロセスを，大分県九重火山中心部地域（地表において 200°C を超える高温噴気地域が存在する九重硫黄山を中心とする地域）を例として紹介したい．これは，各地熱地域における熱水系の理解（モデル作成）はいろいろな段階にあると理解され，九重火山のケースは，段階とともに熱水系の理解が進展することを示す 1 つの良い例になるのではないかと考えるからである．精度の高い数値モデルが各地熱地域で構築されるようになるならば，地球の熱に関する科学と工学は大いに進展すると考えられる．なお，多くの地熱地域における現実の数値モデルは，非常に多数のブロックからなる複雑なものが多いが，本書で示す九重火山の例は比較的簡単なものである（総ブロック数 $14 \times 14 \times 15 = 2940$ 個）．

九重火山は大分県南西部にあり，1995 年に水蒸気爆発を起こした活火山である（図 5.4）．その中心部，星生山の北東山腹には，九重硫黄山と呼ばれるわが国でも最も活発な噴気地域（直径約 500 m 内に A，B，C，3 つの噴気地域が存在している）が存在している．1995 年噴火前に最高噴気温度は 400°C を超えていたことが確認され，1950 年代後半には 508°C という温度が観測されている (Mizutani et al., 1986)．また，自然放熱量は約 100 MW で，その大部分は噴気によって放出されていた（江原ほか，1981）．この領域には深いボーリング坑はなく，また，これまでに述べてきたような適切なヒストリーマッチングを経た数値モデリングが可能ではない面があるが，1995 年の水蒸気爆発は，以下に述べるように「還元をしない生産」になぞらえることができ，一定の意味のある数値モデル構築が可能ではないかと考えられる．

110   第5章 地熱系モデルの作成と資源量評価

現場写真 12

高温噴気地域内での赤外映像装置による噴気地域観測.

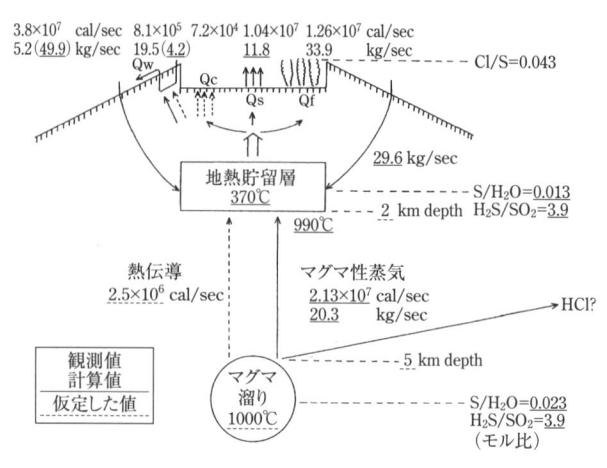

```
3.8×10⁷ cal/sec  8.1×10⁵  7.2×10⁴  1.04×10⁷  1.26×10⁷ cal/sec
5.2(49.9) kg/sec  19.5(4.2)  11.8     33.9     kg/sec
                Qw    Qc         Qs   Qf                     ----- Cl/S=0.043

                          地熱貯留層                 29.6 kg/sec
                            370℃      ------ S/H₂O=0.013
                                    --- 2 km depth  H₂S/SO₂=3.9
                            990℃

        熱伝導              マグマ性蒸気
      2.5×10⁶ cal/sec      2.13×10⁷ cal/sec
                            20.3 kg/sec           → HCl?

  観測値
  計算値                  マグマ        ------- 5 km depth
  仮定した値              溜り
                         1000℃         ------ S/H₂O=0.023
                                              H₂S/SO₂=3.9
                                              (モル比)
```

図 5.5　九重硫黄山の熱収支モデル（江原ほか，1981）

　九重硫黄山地域ではまず，噴気地域およびその周辺地域で熱的観測が行われ，噴気地域から放出される自然放熱量（噴気，温泉，熱伝導）・噴出水量，周辺地域の地殻熱流量等の測定が行われた（現場写真12）．それらの観測値を基に，マグマ，地熱貯留層に関する推定に従って，熱収支に基づいた熱水系モデルが作成された（図5.5）．このモデルによれば，噴気地域地下に地熱貯留層があるとすれば，それは気液2相の沸騰している貯留層であり，放出される水のうち，数十％がマグマ起源であるとの推定がなされた．

　上の熱収支に基づく熱水系モデルの作成の段階では，地下構造に関する特定の情報はなく，地熱貯留層およびマグマの深さ（それぞれ2 kmおよび5 km）

5.3 地熱系モデル作成の例 (1)——大分県九重火山九重硫黄山の例

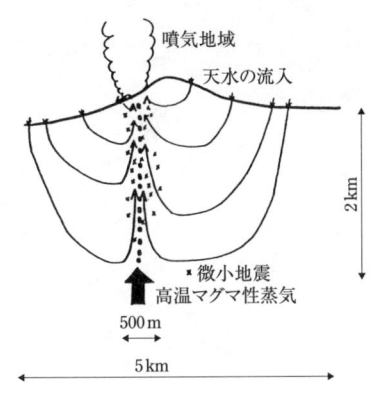

図 5.6 九重硫黄山の地下構造モデル

のみを仮定していた．そこで，実際の地下構造に基づく議論を行うために，地震観測，MT 探査等の地球物理学的観測を行った（江原ほか，1990；Mogi and Nakama, 1998）．さらに，周辺地域で得られている重力データあるいは坑井データを援用して，簡単な地下構造モデルを作成した（図 5.6）．それは，直径 5 km，厚さ 2 km の円筒形領域の中心に，直径 500 m，厚さ 2 km の円筒形高透水性ゾーンを持つ地下構造モデルであり，中心部円筒形領域の下部から高エンタルピーのマグマ水が供給され，それ以外の下部からは地殻熱流量が供給され，地表からは自由に水が出入りできるというものである．このモデルのもと，気液 2 相が扱える数値シミュレータにより，熱水系数値モデルを作成した（図 2.15 参照）．その結果，中心部高透水性ゾーンでは，200〜340°C の気液 2 相が存在するモデルとなり，マグマ水の寄与は地表から放出される水の 75% と，典型的なマグマ性高温型地熱系であることが数値的に示された．また，このモデルから予想される圧力分布は，噴気地域地下に発生する微小地震の原因をも説明することになった．すなわち，中心部の高透水性ゾーンの深さは 2 km であるが，そのうち，地表から 1.5 km の範囲は周囲の圧力より数気圧高く，一方，1.5 km 以深は周囲の圧力より低く，周囲からの天水の供給ゾーンであることを示している．地表から 1.5 km 深までの高い圧力の領域は，微小地震活動が活発なゾーンであり，高い間隙水圧が岩石の破壊強度を弱め，地震が活発に発生しているものと理解された．すなわち，九重硫黄山の高い地震活動は熱的な原因で発生していることが推定された (Ehara, 1992)．なお，その時点では，本地域には，ヒストリーマッチングを行うに相当するデータはなかったが，この自然状態モデ

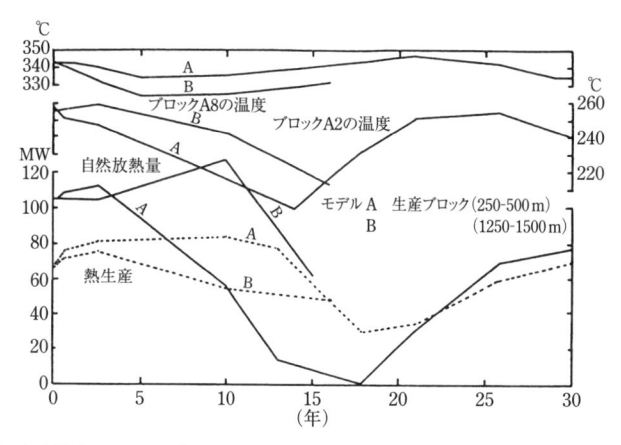

図 5.7 九重硫黄山火山熱貯留層からの地熱流体生産に伴う各パラメータの変化(江原,1990)
なお，ブロック A2 および A8 は貯留中心部の上から 2 番目(深さ 250～500 m)および 8 番目(深さ 1750～2000 m)に位置している．モデル A では 2 番目のブロックから生産が行われ，モデル B では 4 番目のブロック(1250～1500 m)から生産が行われている．

ルに基づいて，採取可能な資源量の目安を評価した(図 5.7)．その結果，地熱貯留層の浅部(250～500 m)から，自然の噴気活動に大きな影響を与えることなく，電気出力 10 MW の発電が安定的に行えることを示すことができた．

　その後，1995 年に九重硫黄山近く(噴気前に存在していた噴気地域の南 300 m)で水蒸気爆発が発生し，噴火後，諸観測が行われるとともに諸量の経時変化が観測された．その結果得られた最も大きな特徴は，水蒸気爆発後，噴火前(100 MW 程度)に比べ多量の放熱量(1000 MW 程度．そのほとんどは水蒸気噴出による)が継続したことと，火山体が一貫して冷却したことであった．そこで，まず 1995 年水蒸気爆発前の，3 次元多相モデルを構築することを試みた(図 5.8(a)，(b), (c), (d))．その後，そのモデルを用いて観測された放熱量変化に見合う地熱流体の生産を，中心部のブロック群より行うことによって，水蒸気爆発に伴って，地熱貯留層の圧力が急激に減少し，周辺から冷地下水が火山体中心部に集中的に供給され，火山体中心部を冷却する一方，大量の噴気が放出されるというモデルで，諸現象を説明できることが明らかにされた (Ehara et al., 2012). モデルの本質的な性質(気液 2 相貯留層の存在，数十％にも及ぶマグマ水の寄与)は，当初の円筒型数値モデル(図 2.15 参照)と，この 3 次元モデルでもほとんど同じではあるが，たとえば地下における流体流動に与える地形の効果(動

5.3 地熱系モデル作成の例 (1)——大分県九重火山九重硫黄山の例

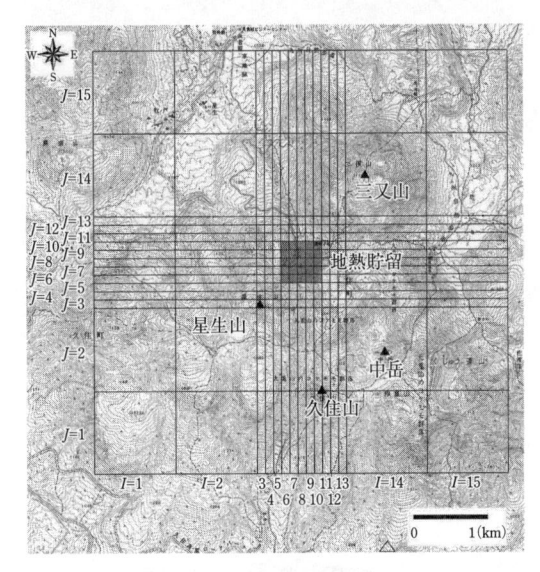

図 5.8(a) 九重硫黄山 3 次元モデル平面図 (Ehara *et al.*, 2012)

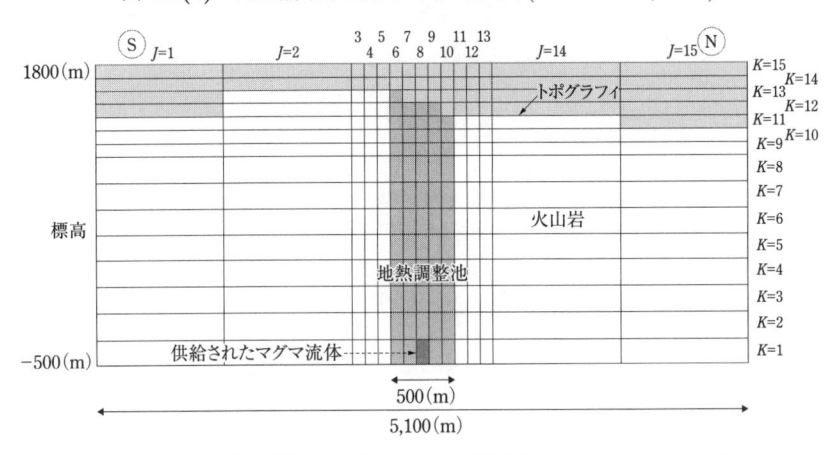

図 5.8(b) 九重硫黄山 3 次元モデル 断面図 (Ehara *et al.*, 2012)

水勾配の効果といってもよい)が,3 次元モデルではより大きいことが新たに示された.すなわち,地形の効果が入っていない円筒型モデルでは,地下から供給された流体のほとんどが地表から放出されていたが,地形を考慮した 3 次元モデルでは,地表から放出される流体は 70%程度であり,残りは選択的に北西方向への側方流動となって火山体内を流下することが明らかにされた.おそ

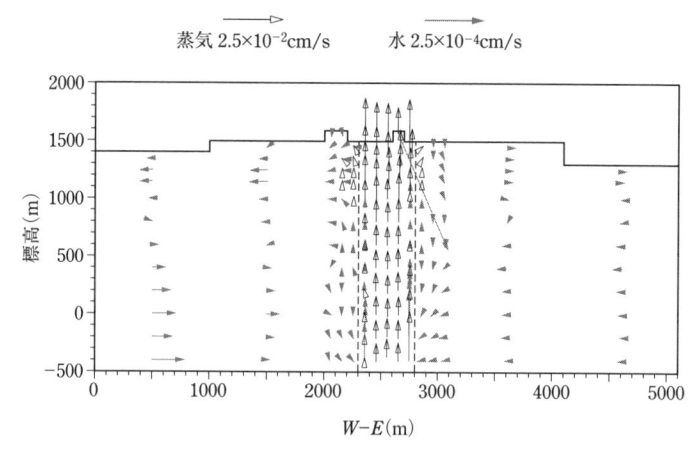

蒸気 2.5×10⁻²cm/s　　水 2.5×10⁻⁴cm/s

図 5.8(c)　1995 年水蒸気爆発前の流体流動分布火山体中心部の東西断面 (Ehara et al., 2012)

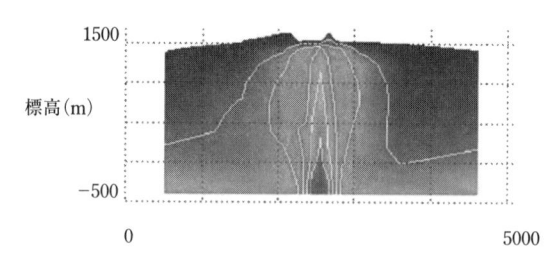

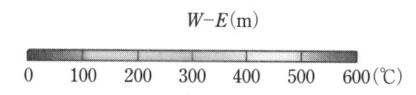

図 5.8(d)　1995 年水蒸気爆発前の温度分布火山体中心部の東西断面 (Ehara et al., 2012)

らく，この一部が山麓に存在する温泉水の起源になっているのではないかと推定される．また，噴火前後での火山体中心部への地下水の補給の様子の変化と，それに伴う火山体の温度低下が明瞭に示された (Ehara et al., 2012)．

以上では，九重火山中心部の地熱地域を例にとって，熱水系モデル構築の進展を示したが，いろいろな地熱地域において，多くの観測データに基づいた数値モデルが構築されていくことによって，熱水系の性質が定量的に理解されるだろう．そして，それらを統合的に理解していくことによって，熱水系の一般的な理解が深まり，地球の熱に関する科学と工学の進展がもたらされるのでは

ないかと考えられる．

5.4 地熱系モデル作成の例 (2)——岩手県葛根田地熱地域の例

前節では，活火山地域で，地下からマグマ起源水の供給が大きな場合について，地熱系モデル作成の例を紹介した．本節では，地下にマグマが推定されるが，マグマからの熱供給は流体によるのではなく，主として熱伝導によっている例を示す．ここでは，数値モデルの作成は，汎用の数値シミュレータを使うのではなく，非定常 2 次元熱水単相における特定の問題解決のため新たに開発した数値コードを利用している（江原ほか，2001）．

岩手県葛根田地熱地域は既に（1978 年以降），葛根田地熱発電所が運転開始している地域であるが，1990 年代に国による深部地熱資源調査に伴い，発電所周辺地域で深さ 3729 m の深部井が掘削され，500°C を超える高温が観測され

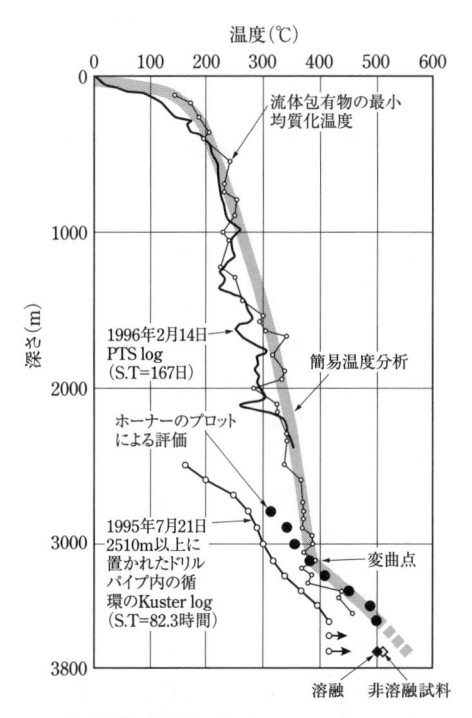

図 **5.9** 深部調査井の温度分布モデル (Muraoka *et al.*, 1998)

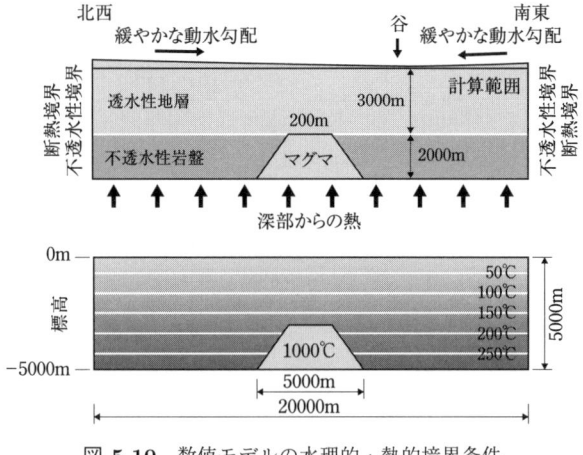

図 5.10 数値モデルの水理的・熱的境界条件

た (Muraoka et al., 1998). 以下に示す数値モデルは，このデータとそれまで当該地域に蓄積されているデータを用いて，マグマからの伝導的な熱の供給により熱水系が発達する過程を，簡単なモデルに基づいて再現したものである．

葛根田地熱地域の地熱系概念モデルを図 (図 2.14 参照) に示した．これによれば，地域北西の標高の高い地域より地表水が浸透し，地域中央部の地下 2000 m 以深に存在する花崗岩の熱源により加熱されて上昇し，南西側に側方流動に転じるとともに再び地下に戻っていくが，同時に地域南東側からも地表水が浸透し，花崗岩の熱源により加熱され上昇し，北西側からの側方流動と混合しているような熱水流動系モデルが描かれている．この地域において，図 2.14 にも示されているように WD-1 という深さ 3729 m の深部調査井が掘削され，図 5.9 に示すような特徴的な温度プロファイルが得られた (Muraoka et al., 1998). この温度プロファイルからは，深さ 3000 m 以浅の深度での沸騰曲線に沿った温度プロファイルと，深さ 3000 m 以深の深度に直線的に上昇する温度プロファイルが読み取れる．このことから，本地域においては深部の熱源から熱伝導的な熱が供給され，それによって，地形的高所から流入してきた地表水が加熱され，上昇するという対流現象が発生していることがわかる．この考え方に基づいて，非定常 2 次元熱水単相のモデルにより，本地域の熱水系形成を説明することを試みた．図 5.10 には深部熱源と，これに境界を有する浅部の地熱系を数値モデルとして示している。図 5.10 上図は水理的境界条件を示しており，地表からは自由に水が出入りできるとともに，北西側および南東から地表水が流入すること

5.4 地熱系モデル作成の例 (2)——岩手県葛根田地熱地域の例　117

を想定して，一定の動水勾配を設定した（計算上の地形は平面となっている）．実際の地形を考慮して，北西側の動水勾配は 0.02，南東側は 0.01 とした．左右および下部境界は不透水性とした．図 5.10 下図は熱的境界条件を示しており，地表面はニュートン冷却，左右の境界は断熱，下部境界からは $84.0\,\mathrm{mW/m^2}$ の地殻熱流量が供給されている．そして，中央下部に花崗岩を想定した熱源（初期温度 1000°C．なお，この初期温度は，花崗岩マグマの温度 700°C に融解潜熱を想定した見かけの温度上昇分 300°C を加えたものである）を設置した．そして，花崗岩が熱源として定置したあと，流動場と温度場がどのような発達を

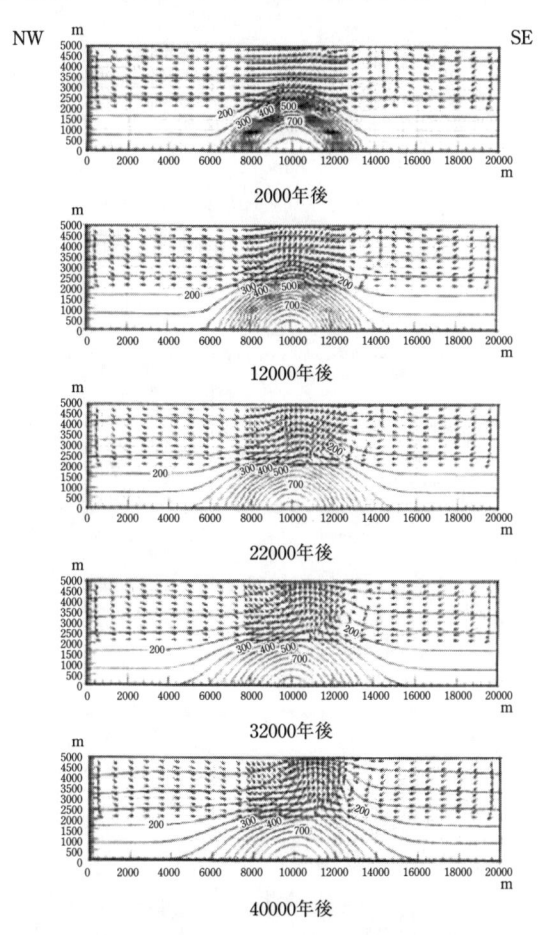

図 **5.11**　葛根田地熱地域における熱水系発達の数値シミュレーション

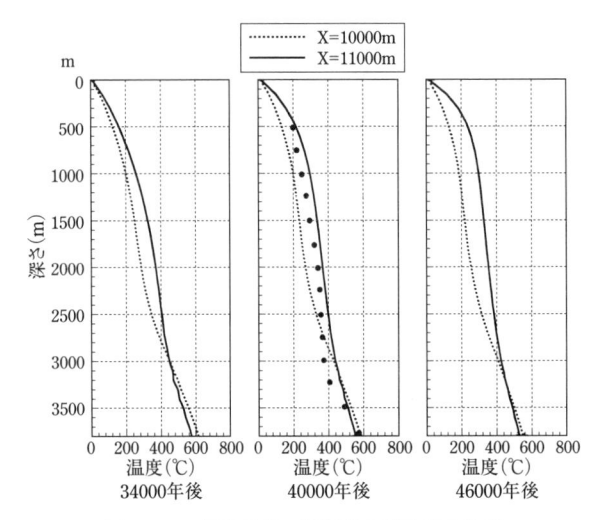

図 5.12 温度分布 観測値と計算値の比較

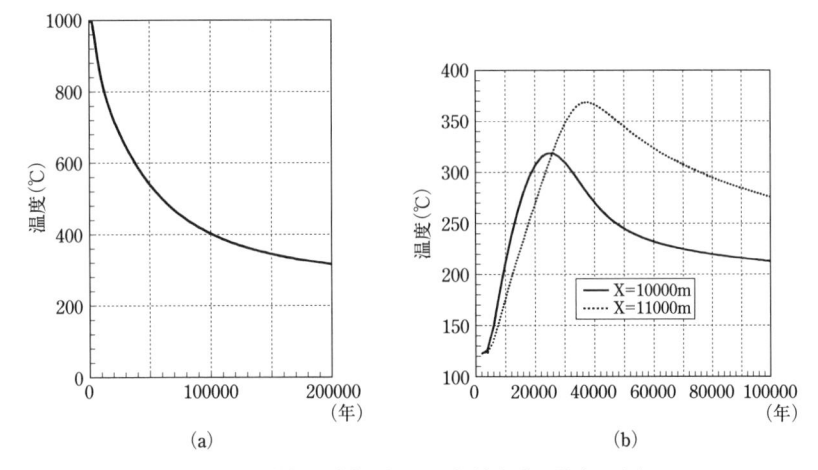

図 5.13 熱源の冷却プロセスと対流系の発達・冷却
(a) 熱源の温度低下, (b) 対流系の温度変化.

示すかのシミュレーションを行った.

その結果を図 5.11 に熱源冷却開始後 4 万年後までの温度場・流動場の変化として示した. これによれば, 熱源の冷却開始 1 万 2000 年後以降, 熱水の上昇流が発達し, 南東側に側方流動しながら, 南東側からの上昇流とも混合している様子が良く再現されている. この数値シミュレーションでは, 深部井の温

度プロファイルを最も重要なフィッティングパラメータとし，その位置での観測値と計算値の比較を図 5.12 に示した．深さ 3729m の深部調査井は水平距離 $X = 10000$ m と $X = 11000$ m の間に位置している．熱源冷却開始後 4 万年程度で観測値と計算値が最も良く適合している（なお，図 5.13(a) では熱源の初期温度は 1000°C となっているが，これは上述の潜熱効果 300°C を加えているためである．実際の初期温度は 700°C であり，冷却開始 2000 年程度以降，700°C 以下に低下すると理解される）．深部調査井底部の温度の経年的な変化を示したのが図 5.13(b) であるが，熱源冷却開始後 4 万年程度で最も高温を示しており，現在の葛根田地熱地域は地熱系発達のプロセスから見ると，最盛期に近い状態にあると推定される．

以上示したように，葛根田地熱地域は，数万年程度前という比較的最近定置した花崗岩質マグマを熱源として，そこから供給された伝導的な熱により加熱された熱水の上昇流が，周囲の地形に規制された動水勾配のもとで発達した様子が良く再現されている．

5.5　地熱系モデル作成の例 (3)——大分県八丁原地熱地域の例

最後に実際に地熱発電が行われている地熱地域の数値モデルについて紹介する（鍋田，2006）．ここでは，ヒストリーマッチングにより，より精度の高い数値モデルが作られ，その結果，精度の高い予測が行われ，安定した地熱発電の回復（発電規模の推定）に寄与している．八丁原地熱地域においては 1977 年

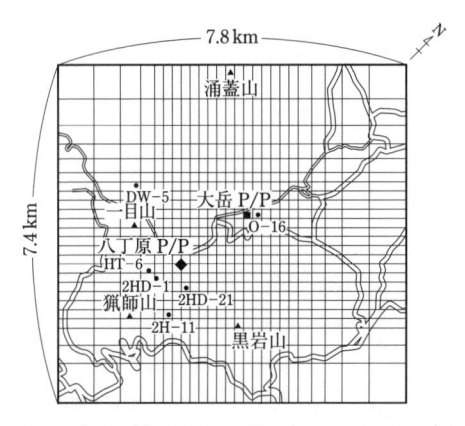

図 5.14　八丁原地熱地域のブロックレイアウト平面図（鍋田，2006）

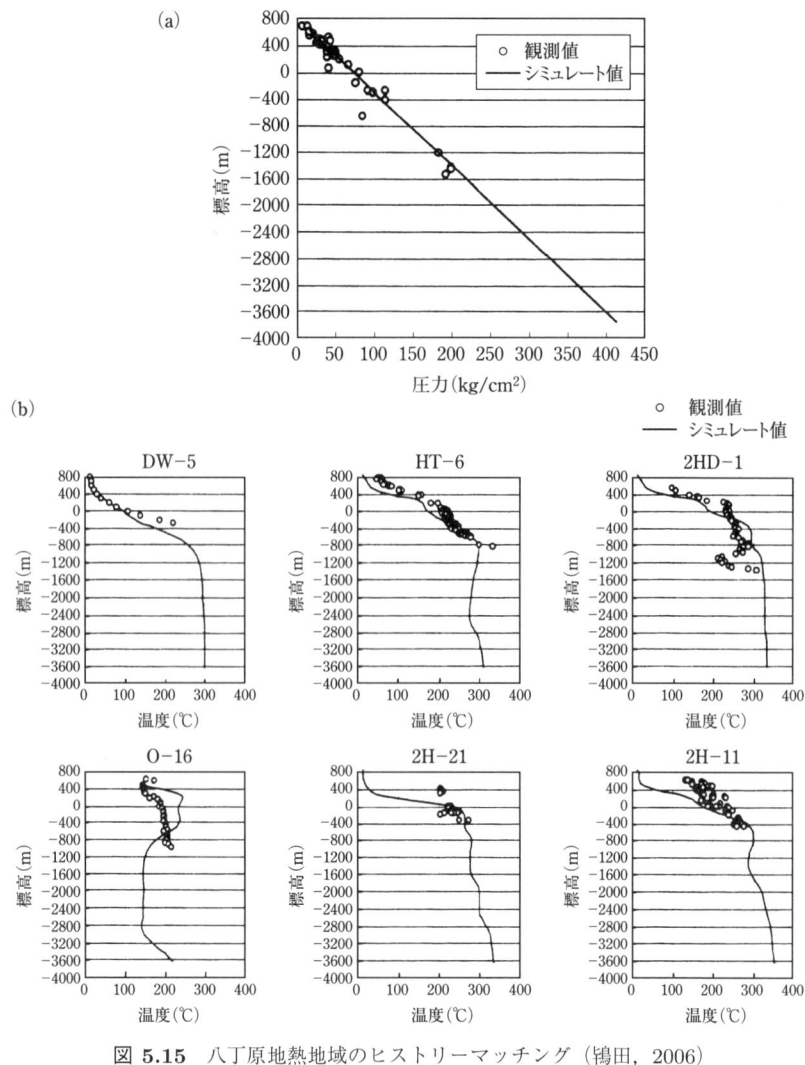

図 5.15 八丁原地熱地域のヒストリーマッチング（鴇田，2006）
(a) 圧力，(b) 温度．

に出力 5 万 5000 kW の 1 号機が建設され，順調に運転を続けるなかで，1990年から 2 号機（5 万 5000 kW）が運転を開始した．1 号機の運転は順調であったが，2 号機運転開始後，出力が徐々に低下した（設備出力 11 万 kW に対し，1995 年には 7 万 kW 程度まで低下した）．この出力低下を回復するため，新た

5.5 地熱系モデル作成の例 (3)——大分県八丁原地熱地域の例

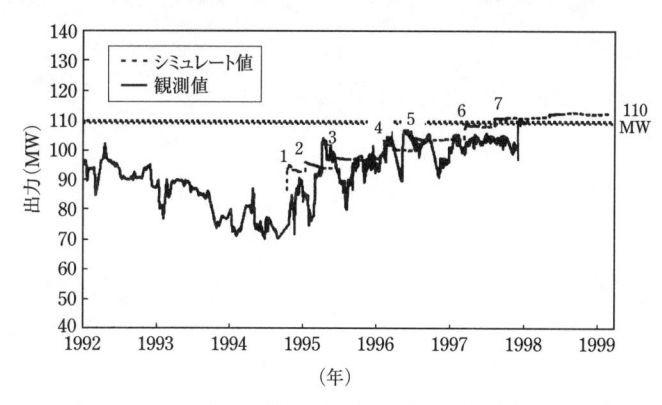

図 5.16 八丁原地熱地域の予測と実績の比較（鍋田，2006）

なデータを加えて，地熱貯留層のヒストリーマッチングを行い，より精度の高い3次元数値モデルを作成した（ブロックレイアウト：$25 \times 25 \times 13 = 8125$ ブロック）．ブロックレイアウトの平面図を図 5.14 に示した．同図には多くの生産井・還元井があり，それらについて圧力および温度のヒストリーマッチングを行った．圧力および温度，それぞれについての例を図 5.15(a) および (b) に示した．このようにして構築した新たな数値モデルに基づいて，生産井・還元井掘削計画を作り，数年をかけて定格出力に回復する予測を行った．そして，この数値モデルからの提案に基づいて掘削が行われ，それによってどのように出力が回復したか，予測と実績を比較して示したのが図 5.16 である．図 5.16 を見ると，ほとんど予測（破線）通りに出力（実線）が回復したことが見て取れる．現在の数値モデル，特にヒストリーマッチングが十分行われた数値モデルが高い精度を持っていることを理解することができる．

第6章
地熱エネルギーの利用法

　第5章までに，地下における熱と水の流れの解析について記述してきた．そして，それに基づいて坑井を掘削し，地熱流体を地上に取り出し，適切な発電規模を決めるところまでを述べてきた．地上に取り出された熱あるいは流体をどのように利用していくのかを取り扱うのが本章である．まず，取り出された蒸気を主に扱う地熱発電について述べ，次に，蒸気とともに地上にもたらされる熱水の利用法について述べる．そして，最後に，地熱利用のもう1つの形態である地中熱利用について述べることにする．発電利用あるいは直接利用においては火山のマグマからの特別な熱が必要であったが，地中熱利用においてはそのような特別な熱は関与していない．地中熱利用で利用される熱を採取する地下数十mの深度では年間を通じて地温は一定であり，一方，冬季では地表面温度より地中温度は高く，夏季では地表面温度より地中温度の方が低い．この温度差に基づいて熱エネルギー利用を行うのが地中熱利用である．

6.1　地熱発電

　坑井から取り出された蒸気あるいは蒸気・熱水により，加熱され蒸気になった低温沸点媒体によりタービンを回し発電することを，地熱を利用した発電方式であることから地熱発電という．以下では，天然の蒸気を利用した蒸気発電（フラッシュ発電）と，蒸気・熱水により加熱された別の蒸気を利用したバイナリー発電に分けて説明することにする．

6.1.1　蒸気発電（フラッシュ発電）

　地上に取り出された天然の蒸気を使った発電を，天然蒸気発電あるいは単に蒸気発電（フラッシュ発電）という．地熱発電においてもっとも多いのがこれである．世界の地熱発電設備容量からいうと，バイナリー発電は全体の10％程

度であり，90%程度がフラッシュ発電である．

　多くの場合，地下の地熱貯留層においては液相，それも圧縮された液相（圧縮水という．熱水が存在する深さに対応する静水圧よりも高い圧力にある）である．この地熱貯留層にボーリング坑が到達すると熱水は坑井内を自然に上昇する．上昇するに従って，圧力降下により沸点が下がり，ある深度で沸点に達し，蒸気が発生して気液2相状態になる（フラッシュするという）．フラッシュ発電といわれるのは，このように地下において減圧沸騰（フラッシュ）によって蒸気が作られるからである．フラッシュした気液2相流体は上昇しながら流速を増すとともに，気相の割合が高まる．多くの場合，流体は地表の坑口においても気液2相であり，勢いよく噴出し秒速200 mを超えることもある（なお，この蒸気が地上をパイプラインで輸送されるときの流速は秒速数十m程度といわれる）．現在使用されている蒸気タービンは，蒸気のみを利用するタイプなので，混合状態にある気液2相流体から蒸気を分離する必要がある（一般に，気液2相流体をそのままタービンに導入した場合，蒸気中に液滴が存在するため，湿り損失によりタービン効率が低下するので液相を分離するのである．湿り損失とは液滴が存在することにより，タービン効率が下がることをいう．液滴は蒸気による動翼を駆動する力を減ずる働きをする）．その役割を果たすのがセパレータである．回転する円筒形のセパレータ内に2相流体を接線方向に導入すると，遠心力により熱水はセパレータ内壁に集められて蒸気は中央に集中し，結果として気相と液相が分離される．すなわち，遠心力以外の特別な動力を要することなく気相と液相が分離する．分離した蒸気はタービンに導入されてタービンに直結した発電機を回し，電磁誘導の原理に従って電気を起こすことになる．このように地下で一度フラッシュした蒸気を発電に使う方式はシングルフラッシュ発電（図6.1）という．蒸気発電方式では地熱発電で最も多いタイプである．

　発電効率はタービン入口圧と出口圧の差に比例するので，タービン出口の圧力をできるだけ小さくすることが望ましい．そのため，排気される蒸気を冷却し，液化することによって，真空に近い状態が作り出されている．このための装置を復水器と呼ぶ．冷却されて液相になった水（復水）はさらに冷却塔に送られ，空気と接触することによって冷却された後，排気側の蒸気の冷却に使われる．地熱発電の場合，多くは蒸気を冷却水と直接接触させることで冷却している．なお，蒸気の中には不凝縮ガスであるH_2SやCO_2が含まれているが，これが復水器に貯まると，排気側の圧力が十分下がらず，発電効率を下げること

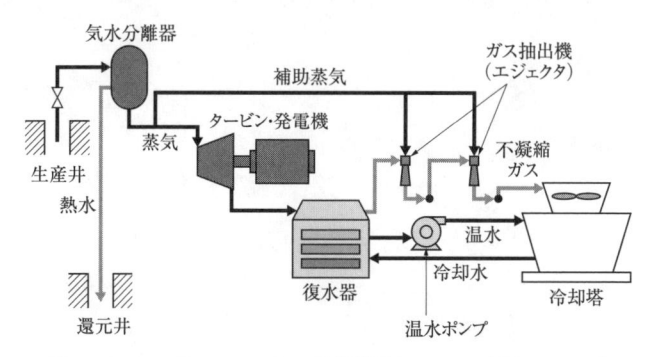

図 **6.1** シングルフラッシュ地熱発電システム（山田，2011）

図 **6.2** 八丁原地熱発電所
冷却塔から白い蒸気が上がっている中央右の建物が発電所建屋．

になる．そのため，復水器側からガス抽出器（エゼクター，またはエジェクタという）により，これらのガスが抽出され，冷却塔から空気および気化した冷却水とともに，大気中に放出させることになる（図6.2）．

　発電に利用されない熱水は還元井を通じて地下に戻されることになる．わが国の地熱発電所では特別な圧力をかけることなく，自然流下方式で地下に還元される．分離された熱水の圧力が高い場合はすぐに還元せず，これをフラッシャー（減圧器）に導き，さらにフラッシュさせて蒸気を作り，タービンの後方に併入することによって発電効率を高めることができる．こうして10～20%程度発電効率が上がる．このような方式をダブルフラッシュ発電という（図6.3）．さらに熱水をフラッシュさせるトリプルフラッシュ方式が導入されている場合があり，ナ・ア・プルア発電所では，シングルフラッシュ発電に比べ27%の効率アップが図られたとされている（図6.4）．なお，残った熱水は，最終的には地下へ

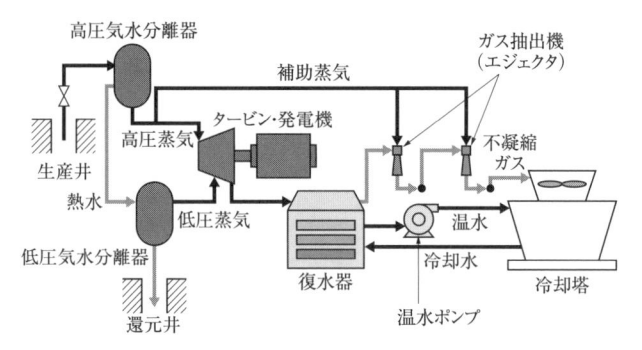

図 6.3 ダブルフラッシュ地熱発電システム（山田，2011）

図 6.4 ナ・ア・プルア地熱発電所（牧元，2012）
(a) 全景，(b) セパレータ．

還元される．熱水の圧力が高い場合はこのように何段にもフラッシュさせ，有効に地熱エネルギーを使うことができる．ただし，フラッシュを繰り返すことにより熱水の温度が下がり，地下に還元するとき熱水から析出物が増え，輸送管あるいは還元井にスケールとして付着し，それぞれの運用効率を下げることがある．そのため，どのようなフラッシュ方式を採用するかは，スケール発生の程度も加味して総合的に判断することになる．フラッシュ発電の一連のプロセスを，実際の地熱発電所の発電系統図として図 6.5 に示した．

ところで，2012 年 3 月より，国立公園特別地域内でも地熱発電所建設は可能となったが，自然環境への配慮は必要事項であり，発電所建屋の高さもより低くすることが望まれている．発電所建屋の高さを規制する構造として，発電後

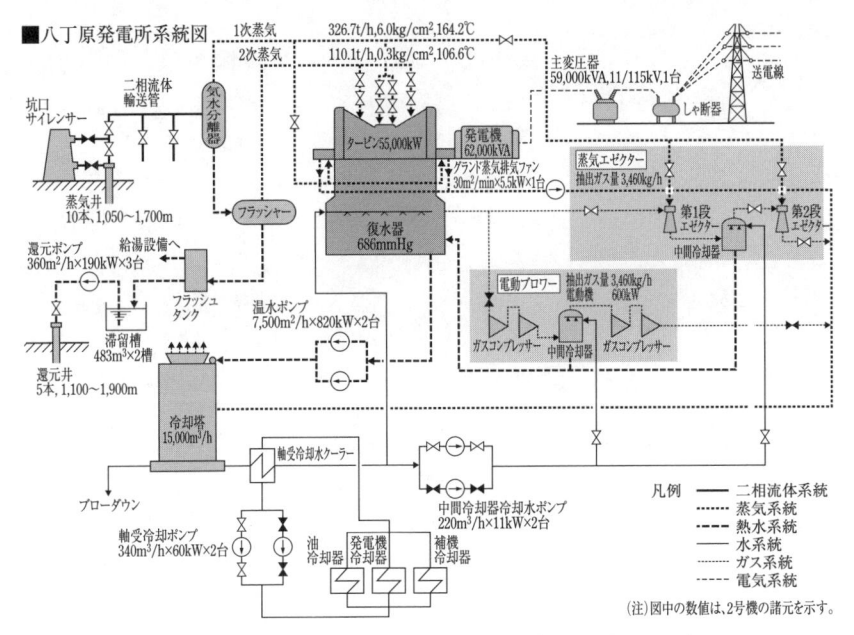

図 **6.5** 地熱発電所における発電系統図（九州電力，2011）
九州電力（株）八丁原地熱発電所．

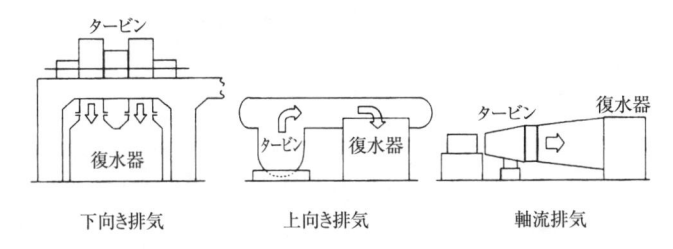

図 **6.6** 排気方式の違いによる構造物高さの変化（齋藤，2011）

の蒸気の排気方式がある（図 6.6）．従来，排気は上側になされており（上向き排気方式），この分，構造物（最終的には発電所建屋の高さ）が高くなるが，これを軸流排気方式にすることにより，排気をタービンと同レベルに設置することが可能で，その分，建屋の高さを抑えることができる．しかし，排気口に接続する復水器と同レベルになると，復水器から逆流が起こった場合，タービン翼を破損することになり，これを避ける必要がある．そのためには建屋の一部を地下埋設にすることも考えられるが，その場合，蒸気中に含まれる H_2S が建屋内に滞留することが想定され，安全上の問題が生じる．このように，1つの

機器・システムの変更はそれが目的を達していても，他との関連と常に総合的に考える必要があり，単に建物の高さを決めるにも種々の検討が必要である．

また，大部分の地熱発電所では復水器の設置により発電効率を高めているが，復水器がなく，そのまま大気中に排出されている場合がある．このような発電方式を背圧型発電方式という．発電効率は低いが（フラッシュ式の半分程度．言い換えると，同じ出力を得ようとする場合，倍の蒸気量が必要），小規模の発電装置や開発の初期段階に噴出した蒸気を有効に使うために，ポータブルな背圧型発電機を蒸気井に直接接続して発電を行う場合に使われる．

なお，フラッシュ発電におけるタービンの回転数は，1分間に3000回転（50 Hzの場合）あるいは3600回転（60 Hzの場合）で，発生する電圧は11 kV程度であるが，変電所で昇圧され10倍の115 kV程度となり，送電線に接続されて最寄りの変電所まで運ばれる．さらに幹線に接続されて電力の需要に応じて送電線を通じて各所に運ばれ，今度は変電所で降圧され，さらに電柱の変圧器を通して，工場，事業所，そして家庭に運ばれることになる．

6.1.2 バイナリー発電

バイナリー発電はタービンを回すための十分な蒸気圧力が得られない場合，あるいは得られるのが熱水のみの場合，低沸点媒体（ペンタン等の炭化水素系媒体，非フロン系の不活性ガスあるいはアンモニア水等）を蒸気や熱水で加熱し，それらの蒸気を作り，タービンを回して発電するものである．このように，バイナリー発電は地熱エネルギーをより有効に利用するシステムである．どの媒体を選ぶかは元の蒸気・熱水の温度による．ただし，これらの媒体には発火性や毒性があるものもあり，その取扱いに特別な注意が必要であるとともに，独立した発電所では，ボイラー・タービン (BT) 主任技術者を置く必要がある（ただし，不活性ガスの場合は規制・制度改革の中で，BT主任の届け出は必要なくなった）．小規模の発電施設の場合，専任のBT技術者を置くことで人件費が必要となり，発電コストに大きな影響を与えることから，規制緩和の議論が進行している．

近年，世界的にはバイナリー発電の導入が進んでいるが，わが国での最初の地熱バイナリー発電は2006年に八丁原地熱発電所に設置された (2000 kW)．ここでは，生産される蒸気の圧力が下がり，蒸気タービンに併入できなくなった低圧の蒸気と熱水を熱源としている．一方，ごく最近，わが国で注目されているのが，100°C近くの高温の温泉水を熱源とする温泉バイナリー発電（単に温

泉発電ともいう）である．固定価格買取制度 (FIT) が 2012 年 7 月から導入されたことにより，小規模の発電でも事業性が認められるようになったことから，日本各地の温泉地で温泉発電が計画され，2013 年に入って大分県別府市では数十 kW のバイナリー発電設備が，わが国で地熱発電としては初めて固定価格買取制度の対象設備として認定され，運転されている．温泉水は温泉井ごとに含まれる化学成分も異なるが，熱交換器等へのスケール付着が問題になる可能性がある場合は特に，実用化試験を行いながら慎重に進める必要がある．スケール問題は温泉発電ではもっとも重要な課題と考えられ，慎重に対処する必要がある．温泉水の化学成分は温泉井ごとに微妙に異なり，生成されるスケールの状態も温泉井ごとに微妙に異なる．したがって，温泉井ごとにスケール付着の可能性を事前に調べておく必要がある．なお，熱交換器へのスケール付着を避けるためには，熱交換器に温泉水を通水する前に清水と熱交換し，温められた清水を熱交換器に導入することもある．この場合，スケール付着の問題は避けられるが温泉の熱エネルギーの一部を捨てることにもなる．また，温泉水があまり高温でない（およそ 80°C 以下）場合は，バイナリー発電を行うことが難しいこともある．

なお温泉バイナリー発電の場合，通常，高温泉では従来浴用だけであったので，冷却してから浴用に使っていたのであるが，人為的な冷却は熱エネルギー利用の観点からはまったく無駄なプロセスであり，バイナリー発電の導入によって，地熱エネルギーの有効利用が図られることになる．また，発電後の 2 次媒体はまだ高温であり，これを冷水と熱交換し造成された温水は，浴用をはじめさらに有効利用に役立てられることになる．図 6.7 に，発電後の熱水利用も含めた温泉発電システムを示した．

6.1.3 トータルフロー発電

従来，発電に使われるのは蒸気だけであったが，実は熱水も大きな運動エネルギーを持っている場合がある．この運動エネルギーは従来利用されてこなかったが，蒸気とともに熱水の運動エネルギーも利用する発電を考えることができ，これをトータルフロー発電という．本格的なトータルフロー発電は，従来，アイデアだけの段階であったが（蒸気の流速と熱水の流速の差からくる，タービン効率の低下をいかに小さくするかが問題であった），ごく最近，小規模のシステムであるが試作機が完成し，実用化を目指す段階となっている．この場合は，気液 2 相流体をそのまま一緒にタービンに導くのではなく，蒸気と熱水を含ん

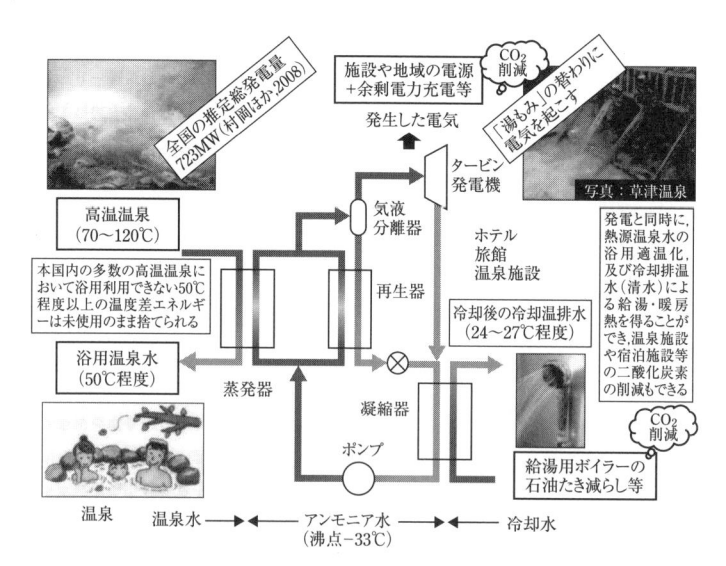

図 6.7 温泉バイナリー発電システム（大里，2011）

図 6.8 湯けむり発電装置

だ 2 相流体のうち，熱水でまず衝撃型の水力タービンを回して発電し，次に蒸気を使って蒸気タービンで発電を行うというものである．蒸気発電を行う際に効率を高めるために復水器も設置されている．そして，発電を終えて温度の下がった熱水は温泉水として使われる．まだ高温の温泉水である場合には，バイナリー発電装置を介することによって，発電量を増すことも考えられている．この方式は「湯けむり発電」と命名され，実用化試験が進められている（林，2014）．この方式も従来未利用であった地熱エネルギーの利用であり，規模の大

きなものではないが（数〜数十 kW 程度が想定されている），対象となる温泉井もわが国には少なくなく，発展を期待したい．図 6.8 に実用化試験中の湯けむり発電システムの様子を示した．

6.1.4 持続可能な地熱発電

地熱発電技術の基本は確立されているといえるが，残されている大きな問題は地上のシステムよりも地下のシステムにあると考えられる．地上におけるシステムでは，機器に付着するスケールの問題は最も大きい問題の1つであるが，一方，地下のシステムで長期間安定した発電を続けることができるかということも大きい問題である．すなわち，地熱発電の持続可能性の問題である．

わが国の地熱発電所は現在 17 ヵ所（温泉発電は除く）ある．そのうち，10 ヵ所は設備出力に見合った発電が行われているが，残り 7 ヵ所のうち，4 ヵ所は設備出力の 75% 程度，3 ヵ所は 50% 程度の出力になっている（設備出力と年間あたりの 1 時間最大出力とを比較した場合）．その様子を図 6.9 に示す．そして，実際の出力が設備出力より小さくなっている場合，出力が経年的に低下していることが多い．すなわち，地熱発電所運転開始以降，数年間にわたって一定の発電を維持していたが，それ以降一貫して低下していることが少なくない．このような場合，設備出力は持続可能な発電出力を超えている可能性がある．このような発電所においては，持続可能な発電出力をできるだけ早く見出し，その発電出力のもとで長期間安定した発電を維持する，すなわち持続可能な発電を維持すべきではないかと考えられる．

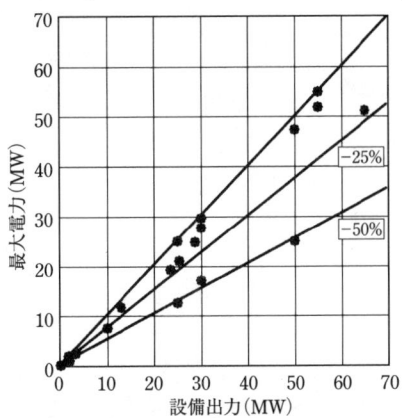

図 **6.9** 日本の地熱発電所の設備容量と実際の出力との関係

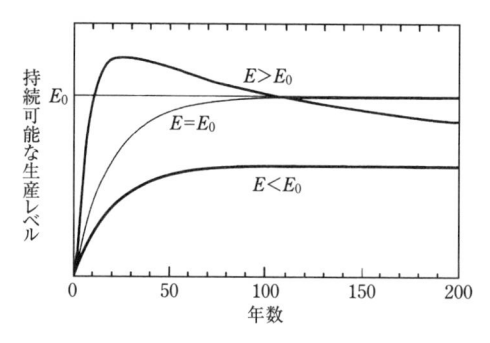

図 6.10　持続可能な地熱発電の考え方 (Axelsson et al., 2003)

　ここで改めて持続可能な発電について考えてみることにする（図 6.10）．地熱地域には資源ポテンシアルが大規模な地点も小規模な地点もある．したがって，持続可能な蒸気生産量（発電量といってもよい）は地点ごとに異なることになる．この持続可能な生産量（あるいは発電量）を E_0 とする．いま，E_0 より大きな発電を行えば，それは短期間なら維持できても（たとえば，運転開始時にたくさんの生産井を掘削し，一時的に多くの蒸気量を生産するような場合），それを長期間維持することは困難であろう．一方，E_0 より小さな発電量であれば，長期間安定した発電は可能であろう．しかし，この場合は資源量の一部しか利用しておらず，また一般に，経済性も低いと考えられる．以上のようなことを考えると，経済的に無駄な過大設備の設置を避け，かつ持続可能な発電を行うためには，控え目な発電量からスタートし，地熱貯留層の反応を見ながら，可能であれば出力を増大していき，開発のなるべく早い段階で持続可能な発電量 E_0 を見出し，それから長期間維持していくことが考えられる．これを「段階的開発による持続可能な発電」と呼ぶ．以下では，このような持続可能な発電を実現しつつある地熱発電所の例を示す．

　大分県九重町にある九州電力八丁原地熱発電所は，設備出力（同時に認可出力でもある）11 万 2000 kW（出力 5 万 5000 kW のダブルフラッシュ方式 2 機および出力 2000 kW のバイナリー方式 1 機）であり，わが国最大の地熱発電所である．同発電所は大分県南西部地域にあり，1967 年に運転開始した大岳地熱発電所の南 2 km に位置している．大岳地熱発電所を運転開始した九州電力はその南部にも有望な地点があることを見出し，1977 年 6 月，1 号機（設備出力 5 万 5000 kW）を運転開始した．その後，発電に余裕があることから 2 号機を計画し，1990 年 6 月，2 号機（設備出力 5 万 5000 kW）を運転開始し，2014 年

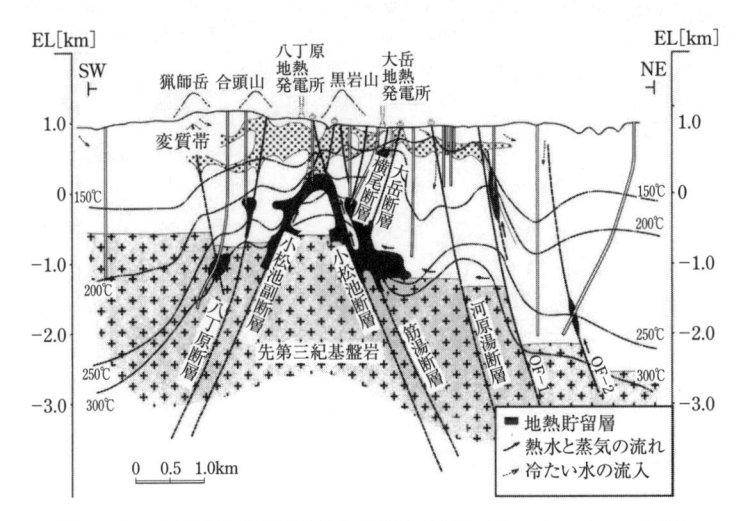

図 6.11 八丁原地熱地域の地熱系概念モデル (Momita et al., 2000)

1月現在,最初の発電所建設から37年,2号機運転開始から24年にわたって安定した運転を続けている.2号機運転開始以降数年にわたって発電出力が低下したことがあったが,その後,種々の工夫(還元井・生産井の適切な配置,発電システムの効率アップ等)を行うことによって安定した運転を継続している.

八丁原地熱発電所地域の地熱系概念モデルを示したのが図6.11である.八丁原地域は典型的な熱水卓越型の地熱系であり,地熱貯留層は断裂型である.図6.11には,おおよそ地下5km程度までの地熱貯留層の様子が示されている.八丁原発電所地域周辺においては,地表から2~3km程度まで,各種の火山岩(浅部から,第四紀の九重火山岩類,第三紀鮮新世の豊肥火山岩類および第三紀中新世の玖珠火山岩類)が存在している.そして,それらの火山岩類の下には,基盤となっている先第三紀白亜紀の花崗岩あるいは変成岩類が存在している.そして,基盤岩類の内部の深さ5km以深に,熱源としてのマグマが存在していると考えられる.図6.11には斜めの実線が何本も引かれているがこれらが断層である.地下深部に浸透した雨水は,マグマからの熱(主として伝導的な熱)によって温められ上昇するが,透水性の良い断層内に選択的に貯えられている.これらの断層の上部には酸性変質帯が発達しており,難透水性であることから地熱貯留層からの熱水の流出を抑えるとともに,地表からの雨水の浸透も抑えている.まさに,キャップロックとなっているのである.このキャップロックは完全なものではなく,一部断層が地表まで到達しており(たとえば,小松池

副断層), 地表で変質帯および噴気活動が見られている (小松地獄噴気地帯).

生産井は断層を目掛けて掘削され蒸気および熱水を生産している. 図6.11においては, 中央部および左側が, 多くの生産井が存在する生産ゾーンである (地上からの深さ1700〜2200m程度). 図6.11では, 主要な生産領域は各断層に沿って黒く塗りつぶしてある. 地上にもたらされた蒸気・熱水は, 坑口で分離されることなく2相流体輸送管によって運ばれ, 図中央付近にある発電所の一角に設置されているセパレータで蒸気と熱水に分離される. 蒸気はタービンに送られ発電に用いられる. タービンに入る蒸気の温度は165°C程度, 圧力は7気圧程度の飽和蒸気である (なお, 2次蒸気は1.5気圧程度で, 温度は110°C程度). 一方, 熱水は図の右側にある還元ゾーンにある還元井から自然流下方式で地下に還元される (地上からの深さは1000〜1500m程度). なお, 筋湯温泉は図のさらに右側に位置している. すなわち, 八丁原地熱発電所においては, 図左側および中央の生産ゾーンから熱水・蒸気が生産され, 図の右方へ2相流体で輸送され, 発電所で蒸気が消費され, 図右側の還元ゾーンで熱水が地下に還元されることになる. これらの一連のプロセスに伴って, 大量の熱水の移動が生じることになる. そして, この大量の地熱流体の移動を適切に把握し, 持続可能な発電を継続することが必要となる.

1990年6月の2号機運転開始直前から, 八丁原地熱発電所地域の重力モニタリング観測が開始された (江原・西島, 2004). 重力計は地下における質量変化を検出することができる. すなわち, 地下で質量 (この場合は地熱流体の量) が増加すれば地上で計測する重力は増加し, 質量が減少すれば重力は減少する. 現在では, マイクロガルオーダー (日本付近の標準重力値である約980ガルの10^{-9}程度の分解能) の重力変化の検出が可能な重力計が開発されている. 通常は, 持ち運び可能な相対重力計が使用されているが, 近年絶対重力計も使用されるようになってきた. 相対重力計を使用する場合は, 対象領域外の重力値の変化がないと想定される地点の重力値との差異を追跡する.

図6.12に重力観測点の分布を示した. 図中央の■はタービンなどが設置されている発電所建屋の位置であり, この発電所建屋の南東側に生産ゾーンが, 北西側に還元ゾーンが展開している. 図中の破線は地熱貯留層深度 (地表から1500m深程度) における断層の位置を示している.

1990年7月の2号機運転開始 (地熱流体の生産・還元開始) 後, 還元ゾーンおよび生産ゾーンでは特徴的な重力変化を示すことがわかった. 図6.13(a), (b) には, それぞれ還元ゾーンおよび生産ゾーンにおける典型的な重力変化を

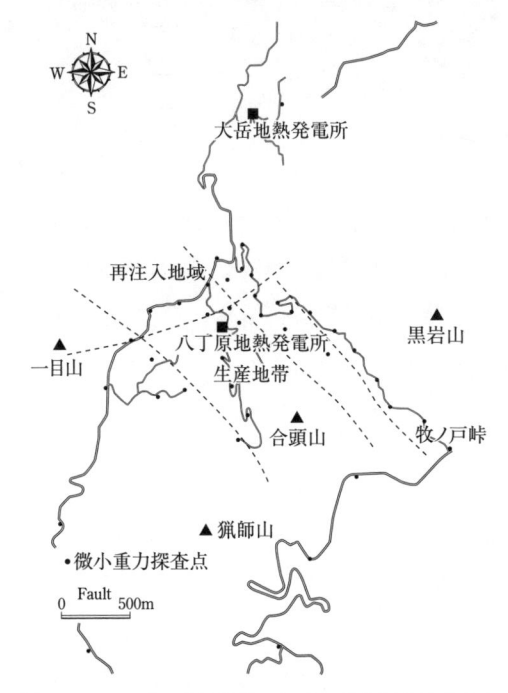

図 **6.12** 八丁原地熱地域における重力測定地点分布

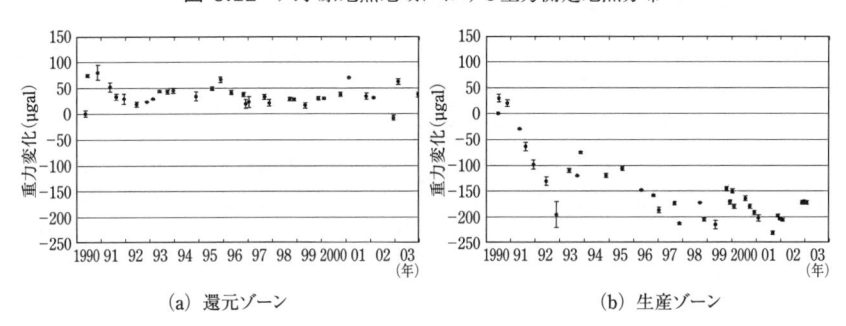

図 **6.13** 重力変化の例
(a) 還元ゾーン，(b) 生産ゾーン．

示した．還元ゾーンでは，2号機運転開始後，重力は増加傾向となった．しかし，しばらくすると重力は低下傾向に転じ，その後も増減を繰り返すが，一方的に増加したり減少したりはせず，ほぼ一定の値を示している．このことは以下のことを示していると考えられる．すなわち，還元開始後，還元ゾーンでは

還元熱水が還元井周辺に一時的に滞留し重力が増加したが，ある程度熱水が蓄積されると（言い換えると圧力が高まると）周辺に拡散したことを示していると考えられる．

一方，生産ゾーンではどうであろうか．2 号機の運転開始後，重力は急激な低下を示している．もし，過剰な生産が継続されれば，重力はさらに低下を続けることであろう．しかし，実際の重力値は運転開始 2 年後頃から低下割合が減少し始め，運転開始 7 年後程度から増減はあるがほぼ一定の値になっていることがわかる．このことはどのように説明されるだろうか．運転開始後，生産井周辺の地熱流体は減少したが，それに伴う周囲からの熱水の補給は不十分であった．また，還元熱水も十分還流してはいなかった（なお，一部の還元井からの還元熱水が十分温められることなく生産井に戻り，生産流体の温度低下を招いたものもあった）．しかしながら，生産井および還元井の位置の再検討などによって，時間の経過につれて，生産井周辺からの熱水の自然の補給とともに還元熱水の適切な還流が始まり，熱水の生産量に見合う熱水の補給が，系統的な重力減少を停止させたものと考えられる．これは，生産井周辺地域の透水性が十分であったことが，このようなバランスをもたらしたといえる．一般に，運転開始前に数ヵ月間の長期噴出試験が行われ，蒸気生産の安定性が確認されるが，さらに長期にわたる安定性は，現在行われている程度の期間の長期噴出試験（最長で 6 ヵ月間程度）でも必ずしも知ることができない．ここに地下資源開発としてのリスクが存在する．したがって，設備容量に対応した持続可能な地熱発電を行うためには，このリスクを低減する必要がある．

なお，重力変化が地下の地熱貯留層の変化をよく反映していることを，重力変化と貯留層の圧力変化観測との比較から示すことができる．図 6.14 にその実例を示した．この例においては，地熱貯留層の圧力観測井直上で重力が観測されている．それを見ると貯留層圧力が増加すると重力は増加し，貯留層圧力が減少すると重力が減少している．貯留層圧力の増加は熱水の密度の増加と考えることができ，重力変化と圧力変化の関係が合理的に説明される．

さて，運転開始 7 年程度で重力変化は安定してきたが．安定期において，地熱流体の質量バランスがどうなったかを確認したのが図 6.15 である．1999 年 10 月から 2000 年 10 月までの 1 年間，地熱貯留層から生産された蒸気・熱水の量は 22.7 Mt（メガトン）である．一方，同期間の還元熱水の量は 14.4 Mt であった．これらは実測された量である．したがって，差し引き 22.7 − 14.4 = 8.3 Mt の熱水が地下から失われたことになる．この期間の重力変化図に質量欠損に関

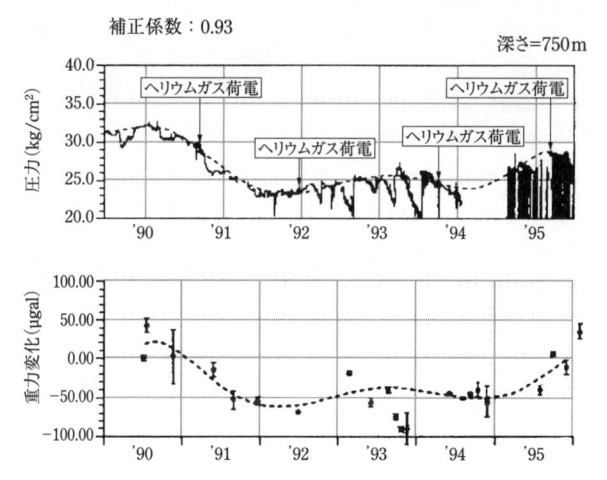

図 6.14 重力変化と地熱貯留層の圧力変化の関係（田篭ほか，1996）

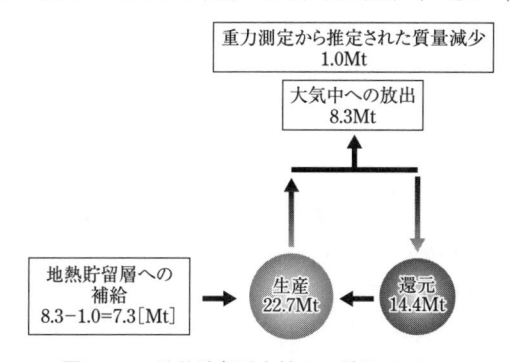

図 6.15 地熱貯留層内外での質量バランス

するガウスの定理 (Allis and Hunt, 1986) を適用すると，当該期間内の質量欠損を推定することができ，それは 1.0 Mt と計算される．8.3 Mt の地下質量が減少したはずなのに，重力変化から推定される地下における質量欠損はわずか 1.0 Mt だけである．この差，$8.3 - 1.0 = 7.3$ Mt が実は周囲から涵養された熱水の量である．運転開始から 10 年の時点で，発電に伴って失われた熱水量 8.3 Mt のうち，7.3 Mt，すなわち，失われた質量の約 90％がこの時点で補給されていることになる．今後，適切な生産・還元が継続されるならば，やがては質量収支がバランスしていくものと推定される．完全な質量回復が実現するためには，数学的には無限の時間が必要と考えられるが，実用的には 90％の補給が行われるような状態であれば，持続可能な発電が実現していると判断してもよいとの

提案がある (Rybach and Mongillo, 2008).

このように，観測的な立場からは，八丁原地熱発電所においては，現在の設備容量に応じた持続可能な地熱発電が実現されていると考えることができる．一方，数値シミュレーションの立場からも以下のようなことがいえる．八丁原地域は発電所運転開始後，既に 30 年以上の長期間が経過し，多くのデータが蓄積されており，精度の高い地熱貯留層モデルが形成されている．そして，この数値モデルを用いて，この地域における持続可能な発電量がどの程度であるかの調査が，掘削坑井の本数を変えた 3 つのモデルについて行われた（鴇田，2006）．その結果，いずれのシナリオにおいても 12 万 kW が持続可能な発電量であることが推定されており，現在の設備容量 11 万 2000 kW は八丁原地熱発電所で持続可能な発電を行っていくうえで適正な設備容量といえる．また，発電を管理している発電所側では，設備容量一杯の発電量よりも控え目な約 10 万 kW の発電量を確実に維持していく方針であり，不確実さが存在する地下資源開発に対する考え方としては極めて健全といえる．今後も適切なモニタリングとモデリングを組み合わせ，地熱貯留層の状態を適切に把握し，より長期間の安定した発電の継続を期待したい．

6.2 直接利用

地熱エネルギー利用の代表的なものはこれまで述べてきた発電利用であるが，実は，発電ではなく熱として利用する直接利用の分野も重要である．特に，地熱エネルギーを地域の視点から捉えると，発電そのものより場合によっては重要である．従来，エネルギーの問題は，国レベルのエネルギー供給問題あるいはグローバルな地球温暖化問題等，国などの上位レベルから発想される傾向にあったが，エネルギー問題は地域レベルから発想することが重要と考えられ，地域に存在する資源をどのように利用するかという，地域の主体性がまず大事である．地域に役立つエネルギー利用が，結果として，国レベルのエネルギー問題あるいはグローバルな地球環境問題に貢献する形になるのが，望ましいエネルギー問題解決の 1 つの方向と考えられる．最近，「エネルギー自治」という言葉が良く使われる．もともとは，エネルギー自治という言葉は，「住民福祉の，平時における向上および，有事における確保のために，地域自らがエネルギー需給をマネジメントし，コントロールできる領域を現実的なレベルで増やしていこうとする試み」と定義されている（相川ほか，2012）．具体的には，2012 年

に制定された熊本県総合エネルギー計画のなかでの,「2020年において民生用電源はすべて再生可能エネルギーで賄う」計画を例として挙げることができる.

本節では,このような地域の視点から直接利用を考えることにする.

6.2.1 多様な直接利用

最近はバイナリー発電が大きく普及してきたことから,80°C程度までの熱水あるいは温泉水でも低沸点媒体を加熱し,その蒸気で発電することがそれほど困難ではなくなり,また,固定価格買取制度が施行されたことから経済性も確保される可能性も出てきた.しかし,熱を蒸気に変換することなくそのまま熱として利用することの方が,エネルギーの利用効率の観点からは依然有効で,直接利用は100°C以上の熱水であっても大いに推奨される場合もある.熱の直接利用は目的によって利用温度は大きく異なり,一般に,特定の目的に利用される場合,その温度範囲は限定的である.熱の有効利用の観点からは,多段に利用していくことの有効性が指摘できるが,これについては次項でカスケード利用として述べることにする.

さて,温度ごとの直接利用にはどのようなものがあるか見てみよう.高温から低温に向けて見ていくことにする.

100°C以上:多くの場合,地上においては蒸気の状態であり,利用形態は比較的限られる.別府温泉における湯の花製造,松川温泉における染色,さらにはサウナ,少し変わった利用方法として,吸収冷凍機の熱源として冷房に使われたりする.また,木材の乾燥にも使われる.家庭レベルで,野菜やイモ類の煮炊きに使われている例も多い.

80°C以上:熱帯植物園の栽培,木材乾燥,温泉卵の製造に使われている.

60°C以上:この温度領域では,野菜・花卉の栽培が多くなる.

40°C以上:この温度領域でも,野菜・花卉の栽培や水産利用(スッポンやウナギ等の養殖)が多い.入浴利用がなされるのはこの温度領域であり,量的にも圧倒的に多く,世界の利用法と比べたとき大きな違いとなっている.

20°C以上:この温度領域は常温より少し高い程度であるが野菜・花卉の栽培,水産養殖に使われるとともに,温水プールや道路融雪にも使われる.

20°C未満:このような低温でも道路融雪には有効に利用できる.また,ヒートポンプを利用し昇温することによって,多様な目的に利用することも可能である.

以上を一覧にして示したのが図6.16である.このように広い範囲にわたって熱利用が可能であり,このことは熱を単独の目的に利用するのではなく,温度

140　第 6 章　地熱エネルギーの利用法

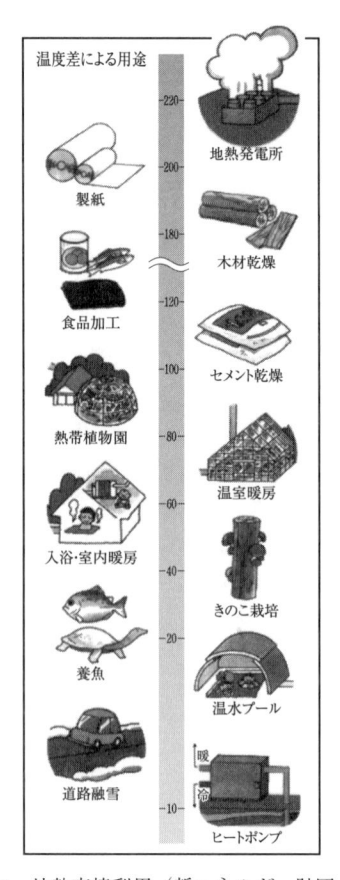

図 **6.16**　地熱直接利用（新エネルギー財団，2007）

段階ごとに連続的に使用していくことの有効性が見て取れる．そのような利用法がカスケード利用と呼ばれるものであり，以下でそれに触れることにする．

6.2.2　カスケード利用

はじめに，カスケード利用の有効性を簡単に見積もってみることにする．いま，100°C の温泉水があるとして，これを入浴のみに使うことを考えてみよう．ここでは，100°C・1 グラムの温泉水を考えて見る．当該地域の年平均気温が 15°C とすると，利用可能な熱量は，比熱 × 温度差 $(100 - 15)$°C であるので，それぞれの温泉水の比エンタルピーを蒸気表より求めると，419.0 J（100°C・

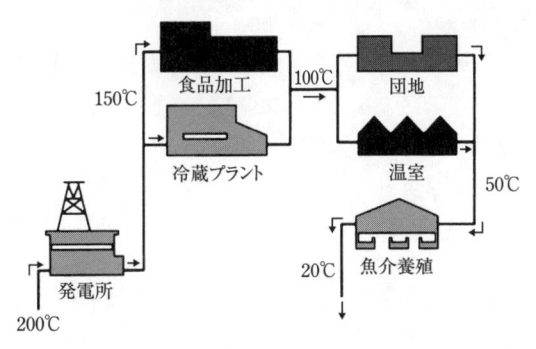

図 6.17 地熱直接利用（カスケード利用）（日本地熱学会 IGA 専門部会，2008）

1 気圧）および 62.9 J（15°C・1 気圧）であり，利用可能な熱エネルギー量は 419.0 − 62.9 = 356.1 J となる．入浴のみに利用すると，浴槽に入る温泉水の温度を 45°C とし，浴室から排水される温度を 35°C とすると，その差 10°C 分の熱エネルギーが利用されることになる．その量は，41.8 J となる．したがってこの場合，本来あった熱エネルギー 356.1 J のうち 41.8 J だけが使われたことになり，わずか 11.7% のみが利用されたことになる．すなわち，高温泉を入浴用のみに使うとすると，本来の熱エネルギーの 90% 程度が無駄に消費されてしまうことがわかる．地球の恵みをもっと有効に利用しなければならないと思われることであろう．

カスケード利用の例を図 6.17 に示す．この例はアメリカ・オレゴン州の例であるが，地熱発電所から排出される 150°C の熱水は，食品加工と冷蔵プラントに使われている．利用後，温度は 100°C に下がっている．そして，さらに，この 100°C の温水は団地における暖房および温室に利用される．それらの利用後の温度は 50°C に下がるが，これがさらに魚介養殖に用いられ，最終的に排水として捨てられることになっている．この場合，150°C から 20°C まで熱エネルギーはほぼ完全に有効に利用されたことになる．しかし，この場合，もし，入浴のみに使われたとすると（45°C から 35°C までとする），カスケード利用した場合の，わずか 7% の利用に留まってしまうことになる．現在，発電所から出る不要な熱水は，そのかなりの部分が還元井より地下に捨てられている．すなわち，発電所から出る熱水は，発電所の外では利用できない．これは非常にもったいないことであり，利用可能となるように国の規制・制度改革の中で検討されている．具体的には，地熱発電所からの還元熱水の直接利用に対して，「地熱発電所外にある農業施設，温泉施設等に還元熱水を給湯できること」および「地

熱発電所外にある農業施設，温泉施設等から利用後の還元熱水を地下に還元処理できること」が要望された．これに対し，2013年9月に環境省から，「(1) 地熱発電所において，多目的利用のために発電所敷地外へ熱水を導出する場合については，地熱発電所が水質汚濁法上の特定事業場に該当しておらず，また熱水を公共用水域に排出するわけでもないため，熱水の敷地外への導出自体は水濁法の規制の対象とはならない．(2) 地熱発電所からの熱水の多目的利用を行う場合には，利用後の水の全量を回収し，元の熱水が存在した地下深部に還元することを基本とすべきである」との発表があり，還元熱水の直接利用の道が開けた．なおこの場合，直接利用を行えば，最終的に地下に還元するとき，熱水の温度が下がって熱水中からシリカ等が析出し，輸送パイプ，還元井内，あるいは地層内を詰まらせる可能性が高くなり，どの程度の温度まで熱水を利用するかは，総合的に検討する必要があることを理解しておく必要がある．

　以上のように，この地熱エネルギーの直接利用は，地域に応じて多様な目的に利用することができ，地域振興の手段として，極めて有効な手段といえる．このことは第7章で改めて触れることにする．

6.3　地中熱利用

　地熱エネルギーの多くは，マグマ等の特別な熱源によってもたらされたものである．しかしながら，ここで述べる「地中熱」はそのような特別の熱源があるわけではないが，仕事をすることができるという意味で重要な地熱エネルギーの1つである．

　火山地域などではない普通の地域でも，地下深部からの地殻熱流量の形で，地表に向かう伝導的な熱の流れが存在している．この熱の流れはほぼ定常状態に達しており，深さによって温度は少し変わるが（100 mで3°C程度上昇する），年間を通してほぼ一定である．東京や福岡では地下深さ60 mの地温は18°C程度である．一方，気温の変化は年変化・日変化をしている．たとえば，東京や福岡であれば，夏の年平均気温は28°C程度，冬の平均気温は8°C程度である．気温の変化はその変化の位相が遅れながら地下に伝播していくが，日変化の場合は地下数十cmで，年変化の場合は地下15 m程度まで影響があるが，それ以深には影響はほとんどない．したがって，地下十数m以深の地温は，冬では地下の方が10°C程度高く，夏では地下の方が10°C程度低い．この温度差を利用して暖房や冷房等を行うというのが地中熱利用である．その際，必要な温度

を得るのにはそのままでは不十分なことが多く，ヒートポンプを介して，温度を上げたり下げたりして必要な温度を確保している．

6.3.1 地表近くの温度とその変化

地中温度は，地表面温度（ほとんど平均気温と等しい）の変化に対応して変化をする．その際の地中での熱の流れは熱伝導が卓越している．いま，ある場所の気温の変化 $T(0,t)$ が，以下のように正弦関数で表されたとすると（ただし，T_0 は地表面温度の年平均値 = ほぼ気温の年平均値，A は気温変化の振幅，P は気温変化の周期，g は地温勾配），

$$T(0,t) = T_0 + A\sin\frac{2\pi}{P}t \tag{6.1}$$

となる．

そして，任意の深さ z, 時刻 t における温度は以下のように表現される．

$$T(z,t) = T_0 + gz + A\exp\left(z\sqrt{\frac{\pi}{\kappa P}}\right)\sin\left(\frac{2\pi}{P}t - z\sqrt{\frac{\pi}{\kappa P}}\right) \tag{6.2}$$

式 (6.2) は，地表面の温度が深さに従って次第に遅れながら地下に伝播していき，その振幅も深さとともに減少していくことを示している．この関係式から，上述した地中温度の日変化・年変化を説明することができる．実際の地下温度の日変化および年変化の例を図 6.18 に示した．このように，気温の年変化は，ある深度以上（中緯度地域では 15 m 深程度以上）ではほとんどなくなる，言い換えれば地下深部の地温はほぼ一定であることと，一方，気温が年変化す

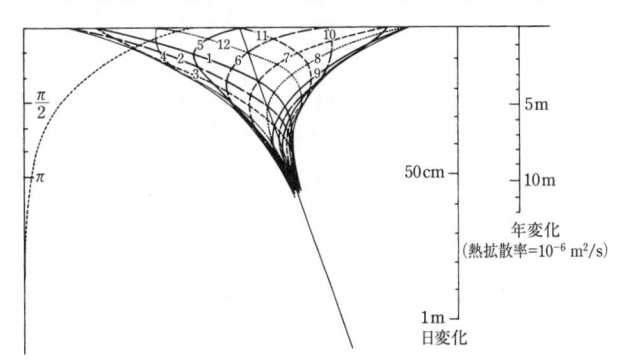

図 **6.18**　地中温度の年変化 (Goguel, 1976)
　　　　　数字は各月を示す．

ることから，地表と地下のある深度に一定の温度差が生じるので，地下にマグマのような特別な熱源がなくても，エネルギーとして利用することができるのである．

6.3.2 地中熱利用冷暖房システム

以下では，地中熱利用冷暖房システムについて説明する．このシステムは，上述したような地中温度の恒温性を利用して熱を取り出したり，捨てることによって，室内空間の冷暖房を行うシステムである．このシステムは，地下にある熱交換井および地上の熱交換システムからなっている．地上の熱交換システムは，ヒートポンプ（室外に設置するのが一般的で室外機とも呼ばれる）を介して2つの部分に分かれ，ヒートポンプと熱交換井の部分と，ヒートポンプと温冷風を吹き出す室内機の部分に分けられる．

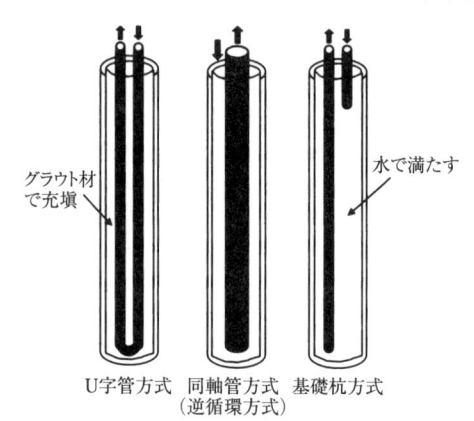

このシステムにまず必要なものが熱交換用の坑井である．坑径が大きく深さが深いほど，より多くの熱のやりとりが可能となるが，普通の住宅用（2階建て，床面積150 m^{2}程度．1階に台所と居間のやや広い2室．2階に3室程度）の場合，深さ数十mで直径10 cm程度の坑井1本で十分である．この坑井に入れる熱交換器は大きく分けて2種類ある．1つはU字管方式であり，もう1つは同軸二重管方式である．なお，近年，新たに井戸を掘削する必要のある上記2方式とは異なり，建物建設に伴って基盤まで掘削される杭を利用する基礎杭方式も多用されてきている（図6.19）．U字管方式は塩ビ製のパイプをU字形に折り曲げたパイプの一方の口を熱媒体である水あるいは不凍液の入り口，他方

図 **6.19** 地中熱利用における熱抽出のタイプ（藤井，2007）

を出口とするものである．1つの坑井中に2組のU字管を入れるダブルU字管方式もある．このU字管方式の場合，坑井のケーシングは塩ビ管が用いられることが多い．一方，同軸二重管方式では，外管は熱伝導率の良い鉄製のケーシングとし，その内部に熱伝導率の小さい断熱性のパイプを挿入する．冷媒の循環の際には，外管と内管の間の環状の部分から冷媒（水や不凍液）を入れ，内管から出す逆循環方式の方が熱交換性能が良いことが知られている（盛田・松林，1986）．U字管方式と二重管方式を比較した場合，熱交換性能は二重管方式の方が優れているが，施工性はU字管方式の方が優れており，近年実際に多く取り入れられているのはU字管方式である．なお，U字管方式にせよ二重管方式にせよ新たに井戸を掘削することになり，掘削費が建設コストの多くの部分を占める．このようなことから，経費削減の観点から，U字管を建物の基礎杭に巻き付けたり，あるいは基礎杭の内部に入れたりして，新たな坑井を掘削することなくU字管を建物建設の基礎工事と一体化することにより，経費の削減を図る場合が普通になっている．

次に必要なものはヒートポンプである．ヒートポンプとは一種のコンプレッサーで，冷媒を圧縮することによって温度を上昇させ，また逆に冷媒を膨張させることによって温度を下げ，温度を調節する機能を持っている．ここで，暖房の場合を考えてみることにする．暖房を終わって低温になった水や不凍液の媒体は，ポンプによって地上からパイプを通して熱交換井に送られる．熱交換媒体は，熱交換井の周辺地層と熱交換をしながら次第に温度を回復し，再び地上に戻ってくる．これをヒートポンプで昇温し，今度は室内循環システム中の冷媒を加熱する．部屋の場合であれば，この冷媒で加熱した空気をファンで送り出すことによって，部屋に暖気を吹き出すのである．夏季の冷房の場合は，逆の流れになる．図6.20に冬季と夏季の場合に分けて，ヒートポンプの機能を示した．

6.3.3 設置例——設計・設置・運用・影響評価

1つの実例を通じて，地中熱利用暖房システムの理解を深めることにしよう．実例は著者らが実際に福岡市で設置し，現在も稼働を続けているシステムである（福岡ほか，2011）．この例では，できるだけ熱交換性能の高いシステムを構成することを目指し，同軸二重管方式の熱交換方式が取り入れられている．はじめに，システムの概念を図6.21に示す．このシステムでは，地中に同軸熱交換方式の熱交換器がある．熱交換器とヒートポンプの間は，ポンプを介して不

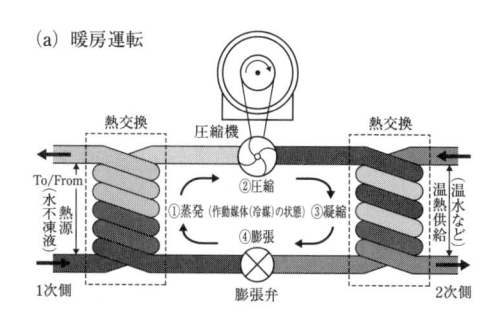

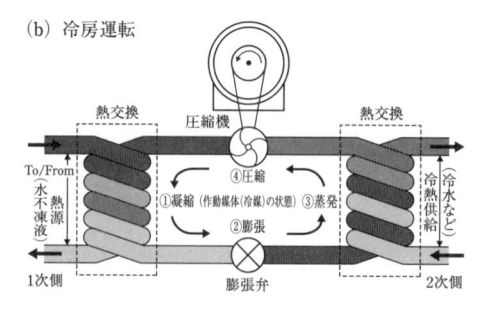

図 **6.20** 夏季・冬季における地中熱利用冷暖房システム内の媒体および熱流れ（藤井，2007）
(a) 冬季の暖房運転，(b) 夏季の冷房運転．

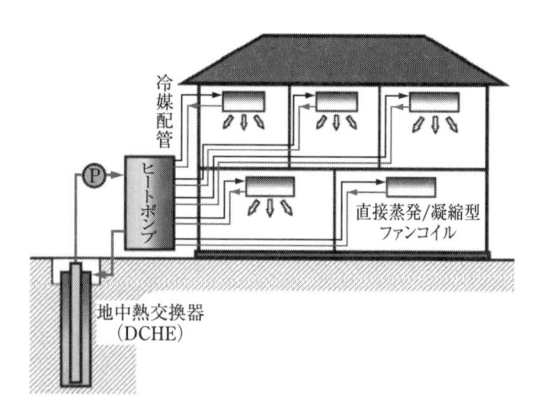

図 **6.21** 同軸熱交換器方式による地中熱利用冷暖房システムの例

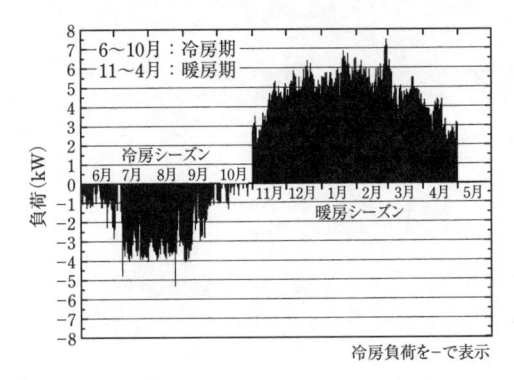

図 6.22 建物の熱負荷計算例（福岡，2007；福岡ほか，2011）

凍液が循環し，地層との熱のやり取りを行っている．一方，ヒートポンプと室内機（ファンコイル）との間には冷媒配管がある．本システムが設置されているのは2階建て住宅であり，1階2室（居間および台所），2階3室（主寝室および子供部屋2室）の計約 $150\,\mathrm{m}^2$ のレンガ造の住宅である．この5室を地中熱利用冷暖房システムで冷暖房している．

まず，はじめに建物の断熱性能を調べ，それによって，必要な冷暖房器具の容量を決めた．そのために，冷房期間と冷房温度，暖房期間と暖房温度を決定した．一方，福岡市の気象情報に基づいて外気温の変化を決定した．次に，各部屋の断熱特性に基づいて，外気温などの外的環境が与えられたときに，各部屋内の温度を設定温度に維持するために必要な室内機からの熱量を計算した．建築学の分野ではそのような計算を行うソフトウェアが開発されている．その結果を示したのが図 6.22 であり，これにより年間を通じての室内機の容量が決定された．これを見ると夏よりも冬の負荷が大きいことがわかる．北海道などの北国では，冬の負荷の方が大きいことは直感的に理解されるが，日本のような中緯度地域では，南方に位置している九州でも冬の負荷が大きいのである．部屋ごとに最大負荷を計算し，それを合計した結果，最大暖房負荷は $8.42\,\mathrm{kW}$，最大冷房負荷は $10.11\,\mathrm{kW}$ であった．これに基づいて，ヒートポンプの容量および各室内機の容量を決定した．

次に，上で計算された必要な熱量を供給する地下熱交換器のデザインを行った．熱交換器のデザインが決まり，地層の熱交換特性（有効熱伝導率等）が決まれば，循環する熱交換媒体（この例の場合は不凍液を使用している）の流量を与えれば，熱交換量が計算される．ここでは詳述しないが，このような計算

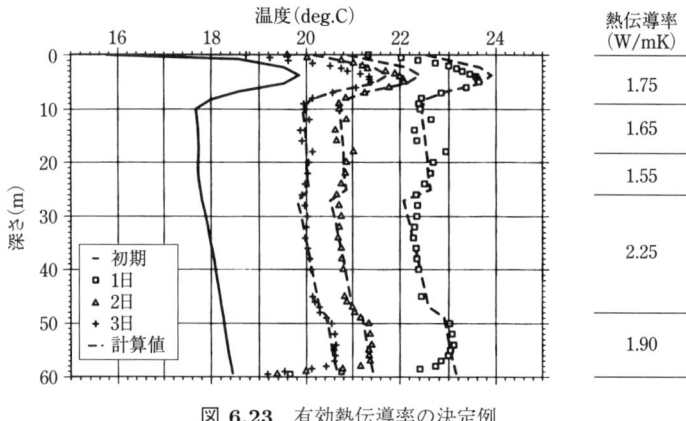

図 6.23 有効熱伝導率の決定例

を行うソフトウェアも開発されている．これを使い，どの程度の深度の熱交換井が必要かを評価することができる．評価の結果，直径 10 cm，深さ 60 m の井戸であれば，冷暖房ともに十分賄えるとの見通しを得た．そして，深さ 60 m の熱交換井を掘削した．そして，この熱交換井を利用し，サーマルレスポンステストにより，単一層ではなく，地層を 5 種類に分けて実際の有効熱伝導率分布を求めた（図 6.23）．事前の数値シミュレーションでは，花崗岩を想定して，文献にある物性値に基づいて計算を行った．さらに，サーマルレスポンステストで得られた熱伝導率分布を用いて，改めて熱交換量の計算を行ったが，必要な熱量が得られることが確認された．その結果，深さ 60 m の熱交換井で十分所用の負荷に対応することができると判断された．

以上の結果に基づいて，システムの組み立てを行った．計算された各部屋の最大負荷に基づいて，1 階の 2 部屋はそれぞれ冷暖房能力 4 kW のファンコイルユニットを選定した．また，2 階の 3 部屋はそれぞれ最大冷暖房負荷 1 kW のファンコイルユニットを選定した．そして，これらのファンコイルユニットの冷暖房運転を受け持つヒートポンプは，個別対応型 4 kW とマルチエアコン用の 8 kW の 2 台を直列に接続した．個別対応型のヒートポンプは，最も使用頻度の高いリビングルームの室内ユニットを，マルチタイプのヒートポンプは昼間に主に台所の室内ユニットの冷暖房を受け持ち，夜間は 2 階の 3 部屋の室内ユニットを受け持つことを想定した．この構成はできるだけ高いシステム COP を実現するために工夫されたものである．図 6.24 にヒートポンプユニットの構成図を示した．熱交換器から戻ってきた熱媒体は，まず個別対応型ヒートポン

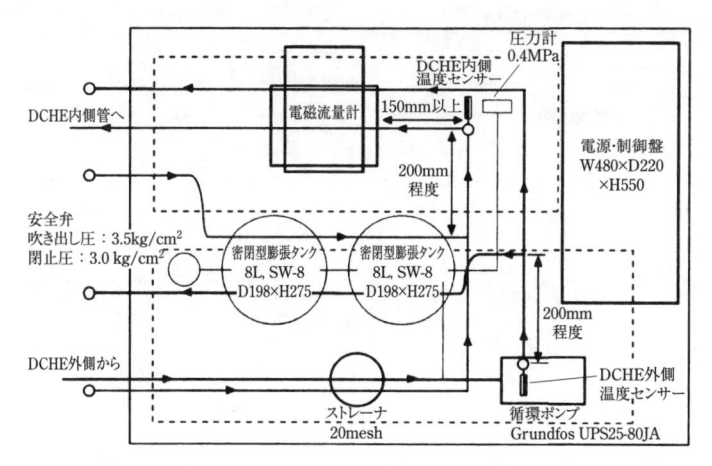

図 6.24 ヒートポンプシステムの配置例

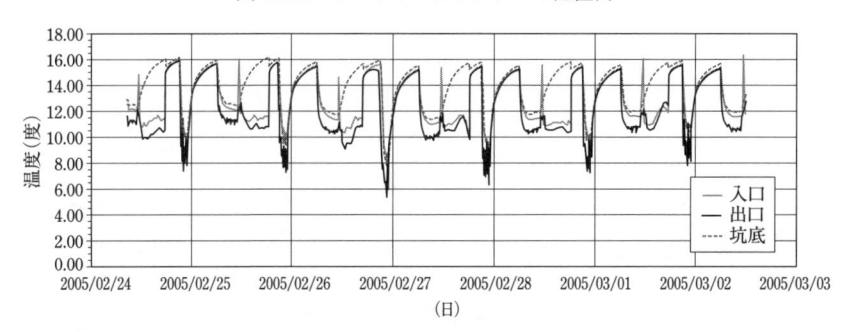

図 6.25 暖房時の各種温度変化の例

プで熱交換を行った後に，マルチタイプのヒートポンプで熱交換を行う構成になっている．このように選定した機器の性能と，熱交換井の性能を合わせて，再度，システム機能の数値シミュレーションを行い，システム COP の評価を行い，冷房時のシステム COP は 4.55，暖房時のシステム COP は 4.45 という高い評価が得られ，高性能の地中熱利用冷暖房システムの実現が予測された．

　上記のような予測を基に，機器を設置して運転を行い，性能評価（システム COP 評価）を行うこととした．そのためには，熱交換により大地から取り出した採熱量（あるいは排熱量）とそのために消費したエネルギーを測定する必要がある．そこで，本システムでは，熱交換器入口，出口，坑底における温度と，2 台のヒートポンプの消費電力および熱媒体の循環流量並びに循環ポンプの消費電力を 2 分間隔で自動計測した．暖房運転時の熱交換器入口，出口，および

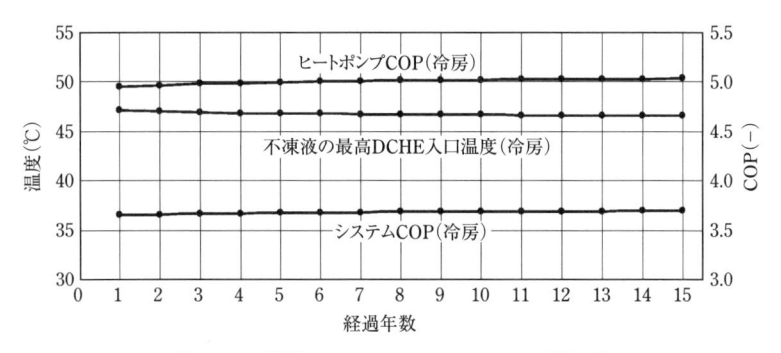

150   第6章 地熱エネルギーの利用法

図 6.26 数値シミュレーションによる長期予測

熱媒体の温度変化の例を，図6.25に示した．これらより，たとえば，暖房時では，熱交換器により大地の熱を吸収して熱媒体が温められ，冷房時には大地に熱を放出し，熱媒体が冷却されることが見て取れる．また，非運転時に各種温度は回復して運転開始時の温度に近づいており，地層温度も回復していて設計通りの性能が得られることが確かめられた．次に1年間の運転結果に基づいて，必要なパラメータの修正を行い，システムを長期間運転（ここでは15年間）したときにどのような運転性能が得られるかを，数値シミュレーションにより予測した．その結果を図6.26に示した．それによると，15年間にわたり極めて安定した運転が行えることが示されている．なお，熱交換井では深さ15mで温度のモニタリングを行っているが，数値シミュレーションによる予測では，運転開始から4年後の2009年には，深さ15mでの温度変化は運転開始時と比べてほとんど変化がないとされたが，モニタリングの結果では，0.2°Cの上昇が観測されている．その原因を分析した結果，0.2°Cのうち，0.10°Cの上昇は，気温の上昇（地球温暖化あるいはヒートアイランド現象によると考えられる）による効果と判断され，0.03°Cは埋め立てによる温度上昇と判断された．予測と実測値の差は，おおよそ上記2つの原因で説明されるともいえるが，引き続きモニタリングを続けているので，詳細は今後の解析を待ちたい．

このようなシステムの運転に伴い，ライフサイクルCO_2がどの程度減少できるかを評価した．ここでは，本システムを最終的に廃棄する場合および熱交換井を埋め戻す場合の比較，ならびに通常の冷暖房システム（空気熱源のエアコンで冷房を行い，石油ストーブで暖房する場合）との比較を行った（図6.27）．その結果，本システムは全廃棄と埋戻しのいずれの場合でも大差はなく，一方，従来型（夏は空気熱源エアコン使用，冬は灯油暖房使用の場合）と比較した場

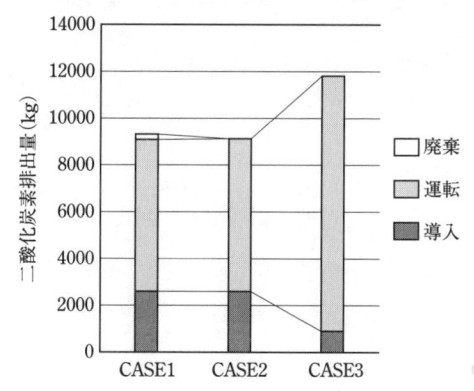

図 6.27 ライフサイクル CO_2 排出量の比較（阿部・江原，2008）
CASE1 は本システム（全廃棄），CASE2 は本システム（埋め戻し），CASE3 は夏は空気熱源エアコン＋冬は石油ストーブ使用．

合，22～23％の CO_2 削減になることがわかった．最近，システムの改良が進み，新しい地中熱利用冷暖房システムでは，従来のシステムに比べ，40～50％程度の CO_2 排出の削減が行われているとの報告がなされている（地中熱利用促進協会，2013）．CO_2 排出削減は，同時に消費電力量の削減につながっている．このように地中熱利用冷暖房システムは，地球環境問題だけでなく，ヒートアイランド現象，さらには夏場の電力ピークカットにも大きく貢献できる有効なグリーン技術であるといえる．現在，わが国の地中熱利用冷暖房システムの導入件数は 2000 件を超えた程度で，100 万台を超えている欧米に後れを取っているが，技術の進歩のみならず，国あるいは地方自治体も積極的に導入の姿勢を示し，また，地中熱利用冷暖房システムの認知度も急速に上がってきており，今後の進展に大いに期待ができる．繰り返すが，地中熱利用冷暖房システムは，ヒートアイランド現象の緩和に寄与できるとともに，夏季のピーク電力カットに大きな貢献をすることができることから，是非とも導入を進めたいものである．

第7章
地熱エネルギー利用の貢献

　我々はなぜ地熱エネルギーを利用しようとするのであろうか．エネルギーは仕事をする能力といってもよい．すなわち，われわれは豊かな人生を送るために様々な活動を行うが，その活動（広く，仕事と言い換えられる）を支える基盤がエネルギーなのである．われわれは諸活動を行うために多様なエネルギーを必要としている．力学エネルギー，熱エネルギー，電気エネルギー等である．これらのエネルギーはそれぞれの活動に必要な，異なる種類のエネルギーを提供する．重いものを持ち上げるには力学エネルギーが必要であり，遠くの人と通信を行うためには電気エネルギーが必要であり，部屋を暖房するためには熱エネルギーが必要である．さて，地熱エネルギーはどのような貢献が可能であろうか．

　地熱エネルギーは元々は地球内部に存在する熱エネルギーである．これを何らかの方法で地上に取り出し，多様な用途に利用する．熱エネルギーを熱として暖房等に使うこともあり，一方，エネルギー変換し，動力に利用したり，さらには電気に変換して利用したりする．現在，地熱エネルギーの利用法は，熱エネルギーとして利用する場合と，それを電気に変換して電気エネルギーとして使う場合の2つに大別される．一般に，低温エネルギーの場合は，熱として利用されることが多く（地熱エネルギーの直接利用である），高温エネルギーの場合は，便利で使いやすい電気に変換されて利用されることが多い（地熱エネルギーの発電利用である）．また，低温エネルギーでも工夫することにより電気に変換される場合もある（地熱エネルギーを使ったバイナリー発電が相当する）．

　さて，このように発電利用と直接利用が地熱エネルギーの主な利用法であるが，それらの人類に対する具体的な貢献は何かという観点から見てみることにする．現代的な観点は，地球温暖化問題への貢献，エネルギー問題への貢献，そして近年より注目されている地域振興への貢献である．

7.1 地球温暖化問題への貢献

　第四紀（今から約260万年前以降）において数回の氷河期（ギュンツ，ミンデル，リス，ウルム氷河期）および間氷期が知られている．氷期には地球が寒冷化して地球大気の平均気温が低下し，大陸氷河の発達等が見られ，人類の活動にも大きな制約が生じる．一方，海面が低下し，新たに陸続きとなることによって人類の活動領域が広がることもある．最終氷期のウルム期は今から7万年前に始まって1万年前に終了し，現在は間氷期であり後氷期とも呼ばれる．このような間氷期には，もっと周期の短い気温の変動もあり，中世においてはヨーロッパで低温期が知られており，現在は，再び中世に見られたと同じような低温期に向かっているとの指摘もある（フェイガン，2009）．また，もっと長い数億年の周期で地球全体が寒冷化し氷結する「全球氷結」もあったことが知られている（田近，2000）．このように，地球の気温は種々のメカニズムにより，人工的な活動ではなく，自然の状態でも変化することが知られてきた．全球氷結のような大規模長期間の氷期では大気組成の変化が主因と考えられ，新生代以降の氷期は大陸の配置が起因したともいわれている．そして，第四紀の後半に発生した4回の氷河期は，太陽を回る地球の軌道の変化に起因しているのではないかと推定されている．すなわち，これまでの気候変動はいずれも，自然の変化に基づくものといってよい．

　一方，ここでいう「地球温暖化問題」とは，その原因が自然的なものではなく，人類の活動による人為的なものであることに特徴があり，その急激な変化（気温上昇）が人類に大きな影響を与えつつあることから，その緩和・防止策が地球的規模で必要になっているのである．

　図7.1に産業革命以後の地球の平均気温の変化を示した．19世紀半ばに生じた産業革命により，エネルギー消費が飛躍的に増大し，主に石炭の燃焼により大気中のCO_2が増加し，それらの影響は20世紀に入って次第に顕在化してきた．第二次世界大戦前後の時期はやや平穏に過ぎたが，1960年代以降，それらの上昇は明瞭なものとなってきた．図7.2にハワイ・マウナロア火山におけるCO_2濃度の経年変化を示した．これを見ると，植物活動の年変化による小振幅の年変化周期もあるが，一貫してCO_2が増大する傾向が見られる．そして，その増加率は近年増大しているように見える．このように近年の気候変化の指標の変化の特徴は，気温と大気中のCO_2濃度の急激な上昇である．その両者に

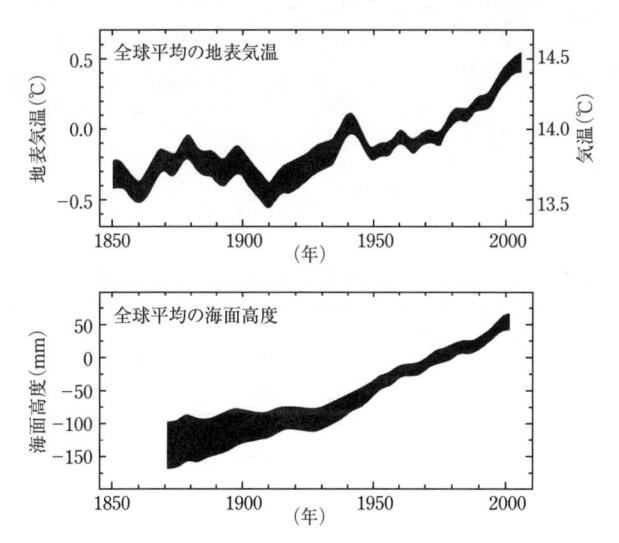

図 7.1 産業革命以降の地球の地表気温と海面高度の変化（住, 2007）

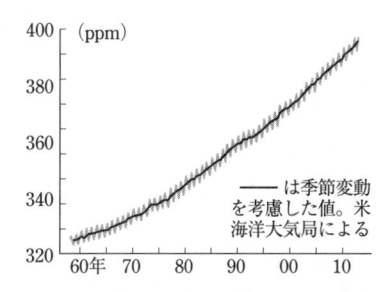

図 7.2 ハワイ・マウナロア火山における大気中 CO_2 濃度の変化（鹿園, 2009）

は因果関係があり，大気中の CO_2 濃度の増加が温室効果を引き起こし，本来地球から大気圏外に放出される熱を大気中に保持することによって，気温が上昇していると説明されている．気温上昇は，特に極地域の気温上昇に大きく現れ，北極海のオープンシー化による新たな航路の開拓あるいは北極海底の鉱物資源開発等のように，一見利点もあるように見えるが，地球全体から見ると，気候変動を促進し，砂漠化，洪水の発生，海面上昇による島嶼の水没等大きな負の影響が議論されている．このような気温の上昇・CO_2 濃度の上昇が人為的ではなく，自然的要因であると指摘する一部の研究者がいることも事実であるが，世界の多くの科学者が参加してまとめた IPCC レポートによれば，産業革命以降の気温の上昇は，自然的要因では説明することは難しく，ほぼ人為的なもの

(その確率は 95% と評価されている．最新のレポートが IPCC 第 5 次レポートで，2013 年 9 月に公表されている．正式報告書は 2014 年に公開予定）と断定している．科学研究の結論は多数決が正しいとは限らないが，IPCC レポートは多面的な検討から結論が出されており，本書もそれに従いたい．ただし，異論があることは十分認識し，今後の観測結果を十分検討することにより，その指摘に留意することは必要であろう．

近年の気温上昇はその上昇率が極めて大きいというのが特徴である．恐竜等の爬虫類が地球上を制覇していた中生代には，現在よりももっと気温の高い時代があった．しかし，それに至るまでに長い時間がかかっており，多くの生物もそれに適応できたことであろう．一方，現在進行中の気温の上昇はあまりにも急速に進行していることが特に問題である．上述の IPCC レポートは，いくつかの異なるシナリオを想定し，今後の気温上昇傾向を予測している（文部科学省ほか，2007）．シナリオによって，2050 年における気温上昇が 1～6°C 程度になっており（図 7.3），大きな気候変化を避けるためには産業革命以降の気温上昇を 2°C 以内に留めることが必要であると指摘し，気温上昇の原因となっている温室効果ガス（主として化石燃料燃焼による CO_2 排出量）を 2050 年までに半減することを提案している．すなわち，これ以上の地球温暖化の進行を止めるためには，化石燃料の燃焼を減らさなければ対応できないことが指摘されている．このような観点から，化石燃料による発電から CO_2 排出量の少ない再生可能エネルギーによる発電への転換が，ぜひとも求められることになったのである．

さて，地熱発電を含めた再生可能エネルギーによる発電に伴う CO_2 排出量はどの程度であり，化石燃料発電と比べてどの程度少ないのであろうか．図 7.4 に

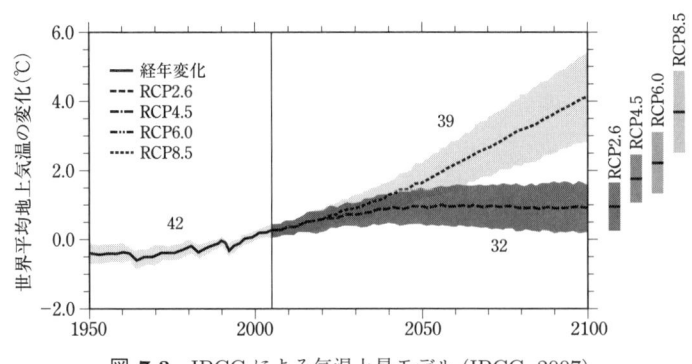

図 **7.3** IPCC による気温上昇モデル (IPCC, 2007)

7.1 地球温暖化問題への貢献

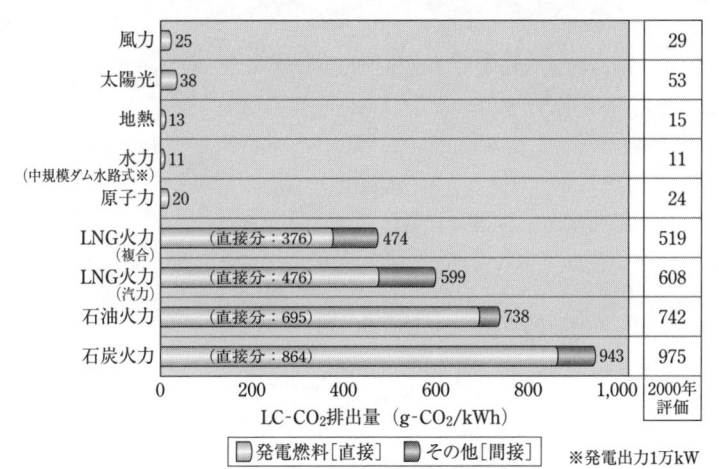

発電方式	直接分	合計	2000年評価
風力		25	29
太陽光		38	53
地熱		13	15
水力（中規模ダム水路式※）		11	11
原子力		20	24
LNG火力（複合）	376	474	519
LNG火力（汽力）	476	599	608
石油火力	695	738	742
石炭火力	864	943	975

LC-CO_2排出量（g-CO_2/kWh）

□発電燃料[直接]　■その他[間接]　※発電出力1万kW

注）原子力は，使用済燃料再処理，プルサーマル処理，高レベル放射性廃棄物処分等も含めて算出

図 7.4 発電システムによる CO_2 排出量の比較（電力中央研究所，2000）

比較結果を示した．この図は発電時の CO_2 排出量だけではなく，発電所建設，運転，撤去までを含めたライフサイクルでの評価となっている．図7.4では，単位の発電量（kWh 当たり）で排出される CO_2 量を，直接的な燃料の燃焼に伴うものと，間接的なそれ以外のものに分けて示してある．まず，石炭，石油，天然ガスによる発電による CO_2 排出量は，数百〜1000 g-CO_2/kWh であり，10〜数十 g-CO_2/kWh である再生可能エネルギーによる発電に比べ，数十倍多いことがわかる．地球温暖化対策として，化石燃料発電から再生可能エネルギーによる発電に転換していくべきことを明瞭に示している．なお，この点に関し，原子力発電をその CO_2 排出量が少ないことから，環境に優しいクリーンな発電方式であると銘打って推進することは詭弁の最たるものであろう．過酷な事故を引き起こした福島第一原子力発電所周辺で未だに放射能漏れが起こっていることを考えると，そのような理由で原発を推進することは神をも恐れぬ行為ともいえる．そして，10万年以上にもわたって環境から隔離して保存しなければならない高レベル放射性廃棄物を，廃棄場所・廃棄方法も決められないまま，ただ貯蔵し，やがては，その保管場所もなくなるかもしれないような原子力発電を継続する意味は，既にないといってよいであろう．原子力発電は経済性を含めあらゆる観点から推進する理由は見つからないといってよい．原発は人類発展段階の一時期，やむをえず使用した過渡的な電源であったのである．できる限り速やかにすべての原子炉を廃炉に持っていく「脱原発」は人類の目標で

なければならない．

さて，化石燃料発電のなかでは，相対的に CO_2 排出量が少ない天然ガスによる発電が推進される向きもあるが，図7.4を見れば明らかなように，石炭燃焼発電による場合に比べ，4割程度少ないだけで，再生可能エネルギーによる発電に比べ，10倍以上多いのである．持続可能な社会の実現という観点からは，化石燃料は使用量を減らし，後世に残すべきと考えられる．そして，化石燃料はできるだけ燃焼以外の目的に使うための工夫をすべきであろう．ましてや，大気中に CO_2 を蓄積するというようなことは，持続可能な社会を形成する観点からは避けるべきと考える．

さて，再生可能エネルギーのなかでの CO_2 排出量を比較してみよう．化石燃料発電に比べれば圧倒的に少ないが，太陽光発電は比較的 CO_2 排出量が大きく，一方，水力発電が一番少ない．地熱発電は水力発電に次いで少ない．太陽光発電では受光パネル作成時等の影響が大きく，水力発電では，水を自由落下させてタービンを回すという受動的なシステムであることが効いていると考えられる．なお，地熱発電に関して，図7.4では地下から供給される水蒸気中に含まれている CO_2 量は含まれていない．ごく一部の地熱発電所では数百 g/kWh に達するものがあるがこれは例外的であり，そのような自然の大気中に含まれている CO_2 を含めても，大部分の地熱発電所からの CO_2 排出量は太陽光発電よりも少ない（村岡ほか，2009）．なお，この天然蒸気中に含まれる CO_2 は，地熱発電を行わなければ，さらに長い期間をかけて，地層中を伝わってやがては大気中に放出されるものである．

いずれにしても，大気中の CO_2 濃度を削減するためには，発電方式を化石燃料発電から再生可能エネルギーによる発電に代えていかねばならない．そのなかで地熱発電は十分な貢献ができると考えられる．

なお，地球温暖化の原因が人為的なものではないと主張する研究者がいることを上述したが，そのような研究者に対しては，化石燃料による CO_2 排出を減少させ，その結果，地球の平均気温の上昇が抑えられることを実証することで理解を得ることも1つの方法と考えている．

7.2 エネルギー問題への貢献

人類は必要なエネルギーを量的にも質的にも大きく進化させてきた．そして，1970年代初め頃までは，安い石油を必要なだけ自由に手に入れることができ，

エネルギーに関する問題は特別生じてこなかった．わが国は，安い石油を世界各国，主として中東諸国から必要なだけ輸入することができ，高度成長を遂げた．そのようななかで1970年代に二度にわたって発生したのがオイルショックであった．イスラエルとヨルダンの間で第四次中東戦争が始まり，それを契機として中東諸国を中心とする石油輸出国機構 (OPEC) はイスラエルを支持する国々に対して，原油価格の値上げとともに，輸出を制限することになった．その結果，石油の供給が断たれ，わが国に入荷する石油量が激減するとともに，輸入価格は10倍以上に上昇した．1974年に発生した第1次オイルショックである．当時冬に向かっていた北国では暖房用灯油の入手が困難になり，トイレットペーパー買占めのような2次的な事柄を含め，わが国は大いに混乱した．その結果，わが国政府は，石油備蓄の増大，あるいは石油代替エネルギーの開発に力を入れることになった．石油代替エネルギー開発として，政府は，太陽光，石炭（主として液化・ガス化），水素，そして地熱を取り上げた．いわゆるサンシャイン計画と呼ばれたものである．1979年には第2次オイルショックが発生した．今度は，イラン革命によるものであった．これらのオイルショックによって，石油は政治情勢に左右され，自由にかつ安く手に入るものではないことが明らかになった．その結果，わが国は，リスク分散のため，石油に依存する体質を改め，エネルギー源の多様化（種類・輸入国の多様化を含めて）に転換した．その結果，石油を燃焼させる発電を減少させ，天然ガスや特に原子力発電に注力することになった．発電に関していえば，2030年には，過半を原子力発電に依存するというものであった．

　一方，わが国では，発電用の天然ガス・石炭の輸入が増え，石油は発電に用いる量は減ったが，化学工業用あるいは輸送用の石油は依然一定量の輸入が続いた．また，世界的には石油・石炭・天然ガスの使用量は増加している．このような背景の中で出てきたのがオイルピーク論である．やがて，石油は枯渇するという考え方である．地下資源である石油は，開発の進展に伴って生産量は増大するが，やがてそのピークを迎え，生産量が急速に減少していくというものである．このような考え方は，ハバート曲線として示され（図7.5），実際の生産量の推移はこの曲線が予想するものとおおよそ一致していることから信頼性が増した．すなわち，近年，大規模な油田の発見もなく，やがて石油生産が減少していくであろうと多くの人が考えているといってよいであろう．このオイルピークがいつ来るかということであるが，既に到達したと考える人もいるし，もう少し先のことであると考えている人もいる．しかし，ピークを迎え，次第

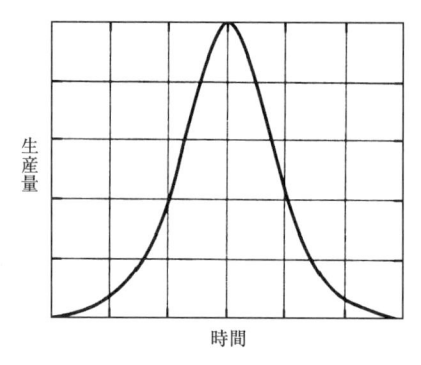

図 7.5 ハバート曲線（江原，2012）
石油の生産が進むに従って油田の発見確率は下がり，生産が頭打ちになり減少する釣鐘型のカーブを，提唱者の名をとってハバート曲線と称する．

に低下していくことは確かで，2050年前後には石油生産は極めて減少していると予測している人は多い．このように，石油資源はやがて枯渇するであろう．

　天然ガスや石炭も石油より長持ちはするがやがて枯渇するものであり，今後200年を越えて存在することはかなり困難と考えられている．化石燃料資源はやがて枯渇するものであり，それに対応する必要があるというのがエネルギー問題である．長期的に見て，化石燃料資源に代わる資源を探さなければならない．それを原子力発電で置き換えるとの議論は，福島第一原子力発電所事故後生じている放射能汚染問題，および高レベル放射性廃棄物問題の現状を見るかぎり，採用することは考えられないだろう．すなわち，電源のためのエネルギー源は再生可能エネルギーしかないのである．このような将来の見通しを持って，できるだけ早く再生可能エネルギーに転換していくことが要請されているのである．再生可能エネルギーも完全ではない．それぞれ長所もあるが短所もある．しかし，問題は短所をあげつらうことではない．それぞれの再生可能エネルギーが持つ課題をいかに早く解決し，再生可能エネルギーによる発電にできるだけ早く転換することである．もちろん，省エネルギーやエネルギー利用の高効率化をまず進めなければならない．これらによって，将来のエネルギー需要を大幅に削減することができれば，再生可能エネルギーへの転換も容易となる．また，再生可能エネルギーへの転換において重要なことは，特定のエネルギーに大きく依存することなく，それぞれのエネルギーが適当なシェアを果たすことである．1つのエネルギーが30％以上の寄与をすると，それが貢献できなくなったときの反作用は大きなものとなろう．福島第一原子力発電所事故後生じた電力

不足はその良い実例である．福島第一原発事故時のように，シェア30%を占めていた原子力発電による電力供給量が突然0になったときは，その修復は短期間では極めて困難である．特定のエネルギーに過大に依存することなく，各エネルギーが10〜20%ずつシェアし，それで全体をカバーするというのが望ましいと考えられる．そのためにも，各再生可能エネルギーが需要量の10〜20%をカバーできるように努力することが益々必要である．そのようななかで，地熱発電の貢献はどの程度のものが可能であるのかについては，2050年地熱エネルギービジョンという形で最後に示すことにしよう．そこでは，地熱エネルギーも応分の貢献を果たすことができることを示している．

7.3 地域振興への貢献

従来，エネルギーは，地球温暖化問題あるいはエネルギー問題という観点から論じられ，個人あるいは地域のレベルから論じられるより，国家レベルの観点から議論されることが多かった．その結果，たとえば，オイルショック前まで，あるいは福島第一原子力発電所事故前までは，多くの人は，エネルギー（より具体的には電気）はいつでも，必要なだけ安く手に入れられるものと認識し，電気がどのように作られ，そして，どのように家庭まで配電されるのかについてはあまり思いを致さなかったのではないかと思われる．これが，いわゆる3.11の大きな反省点である．特に，電気は，大部分が地方で作られ，そして，大きな送電網につながれ，そこから各地に運ばれて行くようなイメージがあった．これが，垂直統合といわれていた電力システムの実体である．福島第一原子力発電所事故の反省として，従来のような大規模集中型の電力システムには大きなリスクがあり，小規模分散型電力システムへの転換が議論されるようになってきた．一気に，大規模集中型から小規模分散型への転換は困難であるが，この転換は将来的には必要なことと考えられる．すなわち，小規模分散型に向けた準備をしていく必要があろう．電力，たとえば地熱発電の地域振興への貢献を考える第一の立脚点は，ここにあるのではないかと考えられる．

一方，次のような観点から考えることもできる．都市化は経済合理性の考えのもとで進んできた．現在，地方都市だけでなく大都市でも，地域の住民だけを相手とするような商店はほとんど壊滅的な状況になっている．いわゆるシャッター通りの蔓延である．街中の大きなスーパーマーケットはともかく，地元の商店はシャッターが閉まるものが多くなっている．地域の商店は閉店し郊外に

は大型スーパーマーケットができている．薄利多売のスーパーマーケットと個人商店では勝負にならない．電力も同じである．第二次世界大戦前には，地方には多くの小規模水力発電所があった．これらは戦時下でやがて統合され，戦後，九電力体制ができるとともに，経済性のない小規模水力発電所は廃止され，一定規模（300 kW 程度）以上のものだけが電力会社に引き取られる形になった．小規模水力発電事業者も，小規模発電を自ら維持するよりも電力会社から電気を買った方が，経済的にも良い状況が作られていったのである．大規模集中型の電力システムの形成は，一見，それは便利なものであり，それが順調に進んでいるかぎりはその通りであった．しかし，3.11 の経験は，それはずいぶん不都合が生じやすいものであることがわかった．より安全で安心できる社会，言い換えればリスクのより少ない社会を目指すという観点からは，小規模地域分散型の電力システムが志向されるのである．

　以上のように，地域という視点からは，分散型電力システムという考え方が大変重要であることがわかる．実は，地熱エネルギーは，地域という視点からはもう 1 つ重要な点がある．それは，地熱エネルギーは発電利用だけでなく，熱水を直接熱として使う直接利用という分野があり，地域という視点からは極めて重要である．電気は，送電線に継がれれば遠方に運ぶことができるが，熱水は必ずしもそうではない．アイスランドのように 30 km も離れた地域まで熱水輸送管で運び利用することも可能であるが（アイスランドの場合，熱水生産地は住宅と大きく離れているという特殊な事情がある），一般には近くで利用するのが得策である．従来でも，地熱水・温泉水の直接利用は行われてきており，既に，6.2 節で示したように多様な利用法がある．高温である発電後の熱水も同様に利用できる．地熱水あるいは温泉水が得られる地域は都会ではなく，多くは農林水産地域である．農林水産地域には，木材や農水産物のように，加熱により付加価値を上げられる対象がたくさんある．高温であれば，木材乾燥，やや温度が下がっても，温室，野菜乾燥，養魚，さらに下がれば，道路融雪に使うことができる．地域の農林水産業には地熱水・温泉水の利用ターゲットは実に広い．地域で小規模のバイナリー発電をすることも可能である．しかし，一般には，小規模発電の収益性はあまり高くないであろう．そこで，多様な直接利用と組み合わせて発電事業を行えば，経済性が増すとともに，地域の特徴を活かすことができるであろう．もちろん，バイナリー発電が無理な場合は直接利用だけでもよい．従来の地熱水・温泉水利用における直接利用は，加熱に重油を使った場合に比べた有利さは必ずしも明瞭ではなく，地熱水・温泉水が得ら

れる農林水産地域でも，重油が利用されることが少なくなかった．しかしながら，今後，重油の価格は上がることはあっても下がることはないであろう．そのような意味から，地域産品の付加価値を上げるために，熱水・温泉水を利用したいろいろな試みがなされることが期待される．この際大事なことは，地熱水・温泉水があるから使ってみるという受動的消極的な考えではなく，きめ細かいマーケティングを行うなど，様々な工夫が必要なことである．

　以上，地域という視点から地熱エネルギーを改めて考えてみたが，地域という視点からは，国レベルの地球温暖化問題，エネルギー問題はまず横におき，地域としてどのような地熱エネルギーの利用法があるかを考えるのが第 1 ではないかと考えられる．地域に貢献する地熱エネルギーの利用がまずあり，その結果が，地球温暖化問題やエネルギー問題に貢献するといった流れで良いのではないかと思われる．そして，このような考えをもう少し広め，地域として，エネルギー問題・地球温暖化問題にどのような貢献ができるかを，自治体が方向性を示すことも大事であろう．たとえば，熊本県のように，2020 年時点において，家庭用電力のすべてを再生可能エネルギーで賄う，というような具体的な目標を立てることが望まれるのではないだろうか．現在のところは，国として明確なエネルギー政策は立てられていない（2014 年 3 月 2 日，政府により『エネルギー基本計画』が決定され，再生可能エネルギー利用を推進することも示されたが，そこでは原子力発電を重要な電源と位置づけ，残念ながら革新的なエネルギー政策は示されなかった）．このような状況の中で，国のエネルギー政策が決まらなければ，地方自治体レベルのエネルギー政策は決められないという考えもあろう．新聞報道によれば，実際そのような自治体が少なくないのも確かである．しかし，将来的には，地域という観点からエネルギーを捉えていくことが大事である．このような観点からは，地域からエネルギー政策をどしどし発信していくことが重要であろう．地熱エネルギーが地域の役に立つためには，地域が自ら考えていくことが必要であろう．地域によるエネルギー自治という考え方が拡大していくことを期待したい．国からのエネルギー政策と地域からのエネルギー自治に基づく政策をぶつけ合いながら，地方自治に立脚した国としてのエネルギー政策が確立されることが重要ではないかと考える．

7.4　都市の熱環境問題（ヒートアイランド現象）への貢献

　ヒートアイランド現象とは，都会において周辺の郊外の地域より気温が高く（数 °C 程度），都市地域の広がりに対応するように気温の高温部分が島のように存在することを指す（たとえば，図 7.6）．この結果，都市地域においては，地球温暖化に加えて，さらに気温が高くなり，近年，都市の熱環境は急速に悪化していると考えられる．

7.4.1　ヒートアイランド現象

　近年，都会ではヒートアイランド現象により，気温が上昇し，冬は暖かく過ごしやすくなっているが，夏の暑さは耐え切れないくらいになりつつある．たとえば，ごく最近の例によれば（2013 年 8 月 11 日），日中の東京都心での最高温度は 38.3°C にもなり，また，1 日の最低気温が 30°C を下らないという（早朝の気温が 30.9°C），1 日中真夏日が生じるというような状況が生じている．その結果，夏の日中だけでなく，夜間においても，気温が下がらず，熱中症になり，救急車で運ばれる例が増え，多数の死者が出るような状況になっている．

　さて，まず，都市化の程度が異なる 3 つの都市の最近 100 年程度の日平均気温の変化から，ヒートアイランド現象の進行の様子を見ることにする．図 7.7 に東京，福岡，厳原の気温の変化を示している．東京は最もヒートアイランド現象が進行していると思われる都市の代表例，厳原はヒートアイランドがほとんど進行していないと思われる都市の代表例，福岡は東京に似ているが，東京と

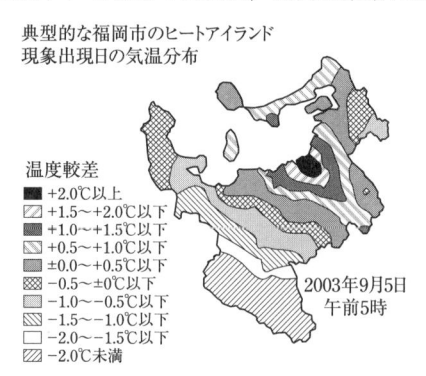

図 **7.6**　ヒートアイランド現象を示す都会の気温分布の例（西日本新聞，2004）

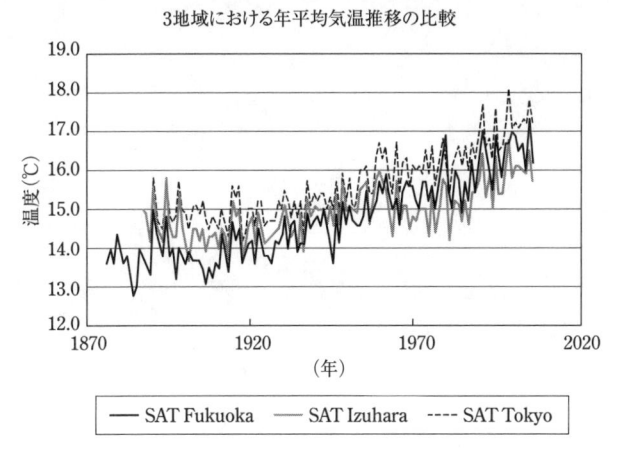

3地域における年平均気温推移の比較

図 7.7 東京・福岡・厳原における最近 100 年程度の気温の変化（上岡ほか，2006）

厳原の中間に位置する都市の例として取り上げた．図 7.7 によると，今から 100 年以上前の，1900 年前後の気温は，福岡が最も高く，次いで厳原，そして，東京となっており，東京の気温が一番低かった．これは東京が一番北に位置することからすればごく自然といえる．そのようななかで，東京では 1900 年頃から気温の上昇傾向が見られる．福岡・厳原でも 1920 年頃からは上昇傾向が見える．そして，いずれの都市も 1970 年前後にやや安定した時期があるがそれ以降急激な温度上昇が見られる．1970 年以降の気温の増加傾向は，東京は 0.1087°C/年の上昇，福岡は 0.0859°C/年の上昇，そして，厳原は 0.0314°C/年の上昇となっている．ここで，厳原での気温上昇には，ヒートアイランド現象の影響は出ていないと考えることにする．そうすると，厳原での近年の温度上昇は地球温暖化の影響と考えることができる．そして，この値を東京および福岡の実際の気温の上昇割合から差し引いた上昇割合を，ヒートアイランド現象による気温上昇割合と考えることにする．すると東京の気温上昇割合は 0.0773°C/年，福岡の気温上昇割合は 0.0545°C/年となり，東京の方が福岡よりも気温上昇率が高くなっているとともに，東京・福岡いずれにおいても，地球温暖化の影響による気温上昇率よりもヒートアイランド現象による気温上昇率の方が大きくなっている．このことは，都市の熱環境が局地的に急速に悪化していることを示しているといえる．

7.4.2 都市の熱環境の改善

前項で，都会においてヒートアイランド現象が，近年急速に進行していること，およびその影響で熱中症の増加など既に健康被害が増加しつつあることを示した．今のまま，何の対策も取らないでいると，夏の都会は人の住む環境ではなくなるのではないかとの心配も生じる．以下では，ヒートアイランド現象を緩和・改善する方策を考えてみることにする．

地球温暖化の原因は比較的簡単で，CO_2 に代表される温室効果ガスの大気中への蓄積によるものが主因で，その対策としては，主に化石燃料の燃焼を減らすことで大きな効果が得られると考えられている．これに比べ，ヒートアイランド現象は，局地的な現象にもかかわらず原因が多様であり，当然，その対策も多様となり，対応が難しいといえる．

ヒートアイランド現象の主要な原因としては，次の 3 つが挙げられることが多い．1 番目は，土地の被覆状態の変化による土地の蓄熱効果である．都市化に伴って，森林，田畑，草地，池等が，住宅地あるいは道路等に作り替えられていった．また，川の水面がコンクリートで覆われてしまったものもある．森林等の植物は蒸発散作用があり，葉からの水蒸気の蒸発により気化熱を奪うことによって温度調節機能があるが，一旦アスファルト道路に変われば，熱の蓄熱体に代わってしまう．夏の暑い日，アスファルト道路の表面温度が 60°C を超え，それが長時間高温を保っていることをわれわれは経験上もよく知っている．このように地表面の被覆状態の変化が，ヒートアイランド現象に大きく寄与していることが考えられる．これらの対策として現状の構造物の配置を変えることには困難が多いが，屋上・壁面等を含め可能な場所に緑化を進めること，あるいは，構造物に太陽放射を反射させるような反射板の機能を持たせること（反射率の大きい布等で覆う，あるいは反射率を上げる塗装を行う等），さらには，打ち水やミストの散布等を行うことが有効と考えられる．前述した 2013 年 8 月 11 日の 1 日の気温変化において，降雨によって気温が急激に低下したことが知られているが（1 時間以内に 6°C 程度の低下），噴水等を含め，散水効果による都市の気温の制御は検討すべき手法といえるのではないかと考えられる．

ヒートアイランド現象の原因として 2 番目に挙げられるのは，都会に乱立する建造物により，気流が妨げられ，熱が拡散されず，熱がよどむ現象である．都会での高層建築はほとんど無秩序に建設されており，また高層化していることから，気流がスムーズに流れる状態になっていない．たとえば，ビル風のよう

に，大きな建物の周囲で局地的に発生する風が知られているように，建物が建設されることで新たな気流が生じたりもしている．この気流の制御ができればよいのであるが実質的には困難と考えられる．これについては，将来，都市計画の中で，たとえば，夏季の卓越風を考慮し，新たに計画される建築物の気流への影響によっては，建築物を規制するようなことを考えていく必要があるだろう．

　ヒートアイランド現象の原因として3つ目に挙げられるのが，排熱量の増加である．これはエアコンによるものと自動車によるものが考えられる．現在の都会では夏季，エアコンなしで過ごすことは困難である．そして，現在普及している空気熱源エアコンは室内を冷房する一方，排熱をすべて大気中に排出している．ここに大きな矛盾が存在している．そこで考えられるのが，6.3節で述べた地中熱利用のエアコンシステムの導入である．この地中熱利用エアコンシステムは，従来のシステムに比べ，消費電力を30～50%程度減らすことが可能で，かつ排熱を大気中に放出しないという優れた特質を持っている．都会の空調を従来のエアコンシステムから地中熱利用冷暖房システムに変えることにより，限られた地域においてではあるが，都会の気温を1.2°C程度下げるとの研究がなされている（玄地，2001）．排熱のもう1つの原因として自動車からの排熱がある．これについても，影響の度合いの定量的なデータもなく，その対策の実施もなかなか困難と考えられる．

　ところで，ヒートアイランド対策を考えるに当たって，各要因の寄与の定量的な評価が実際になされていれば対策を進めやすいが，そのような例は極めて少ないのが現状である．そのようななかで，首都圏を対象として，要因ごとの寄与について数値シミュレーションによって検討した結果によると（都市気候モデルを用いて，仮想的な大気場（一般風を無風とした場合を想定している）で），土地利用の影響が最大で2°C程度，建築物の影響が最大で2°C程度，そして，人工排熱の影響が0.5°C程度と評価されている（気象庁，2006）．この結果を見ると，土地利用や建築物の寄与が大きく，人工排熱の影響が相対的に小さく得られているが，土地利用や建築物の配置を変更することは極めて困難であり，実際には，人工排熱を減少させることが当面実行可能な対策ではないかと考えられる．そのためには，人工排熱の影響に関する研究を今後実証的かつ定量的に進めていく必要があろう．

　以上，ヒートアイランド現象の原因とその対策について触れたが，原因が多様であり，また，なかなか対策が取りづらいものが多いことが特徴である．ま

た，それぞれの影響の定量的評価が十分なされていないことも問題である．したがって，それぞれの原因による影響を定量的に評価するとともに，対策の効果の定量的評価の研究が進められることが特に重要である．そのような研究に基づいて，効果的で実現可能な対策から進めていくべきと考えられる．しかしながら，系統だった対策が取られる前に，ヒートアイランド現象は進行する．そのようななかで，効果が定量的に予測され，そして対策を実施しやすいのは，通常の空気熱源エアコンシステムから地中熱利用エアコンシステムへの転換であろう．現状のシステムをすぐ交換することは困難である．したがって，家やビルの改築時に地中熱利用エアコンシステムに転換することが望まれる．50年後100年後の都会の熱環境の改善を目指して，行政が積極的な施策を取ることが重要である．また，地中熱利用冷暖房システムが普及すれば夏季のピーク電力カットにも大きく貢献することができると考えられる．

7.5 過去の地表面温度の復元

地球温暖化現象あるいはヒートアイランド現象によって，気温が上昇しているが，気温の上昇は地中温度の上昇をもたらすことになる．そして，地中温度の上昇は，世界各地で観測されている．このようなことから，現在の地下温度分布を解析することにより，過去の地表面温度（ほぼ気温に相当すると考えてよい）を復元する研究が進んでいる．その解析手法は以下のようなものである．ある一定の地下温度分布の地域の地表面温度が時間的に変化する場合，地下温度が時間的にどのように変化するかは，熱伝導の微分方程式を解くことによって得られる．このことは逆に，地表面温度の変化を与えれば，任意の時刻の地下温度の変化を計算できることになる．一方，現在の地下温度分布は得られているので，逆問題としてこれを実現する過去の地表面温度を推定できることになる．地表面温度の変化の地下への伝播は，深さが深くなるほど影響の度合いが小さくなり，また，影響も遅れて伝わる性質がある．これについては，既に，6.3節で述べた．したがって，より深部の温度変化が得られている場合は，より昔に遡って過去の地表面温度を復元できることになる．

そのような一例を北東アジアの諸地域に適用した例を紹介しよう（図7.8）．図には，南西日本，韓国南東部，中国南西部，シベリア北東部の復元結果が示されている．これらの結果から，いずれの地域でも1900年頃以降地表面温度が急激に上昇していることがわかるとともに，地域により上昇時期あるいは上昇

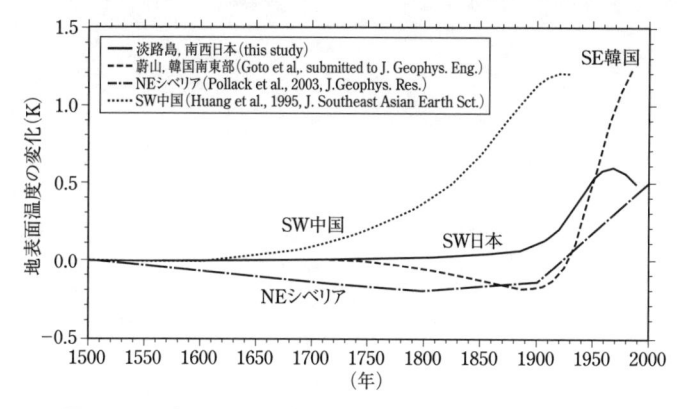

図 7.8 北東アジアの地表面温度解析結果（後藤ほか，2006）

量が異なっている．これらは，共通の地球温暖化の影響とともに，地域ごとに異なる都市化の影響によるヒートアイランド現象の影響の違いを反映しているものと考えられる．しかしいずれにしても，近年の異常な気温の上昇を見て取ることができる．人類は気温に人為的な影響を与えているだけでなく，われわれの足下の地球自身にも既に人為的影響を与え始めている．この現実を正しく認識し持続可能な社会を実現するために，地球環境を保持していく努力を続ける必要がある．

第8章
将来的な地熱エネルギー利用

　持続可能な社会を目指すうえで，CO_2 をできるだけ排出しないエネルギー源を求めるとともに，そして現実に進行している地球あるいは都市の熱環境悪化を避けるために，種々の対策を進めることが必須になっている．そのとき，当面可能な努力をするとともに，将来的な対応も考えていく必要があろう．本書の最後に，将来的な，新しい地熱エネルギー資源利用の可能性について触れてみたい．

　既に述べてきたように，地熱エネルギーの利用は発電利用と直接利用に大きく分けられる．現在利用されているのは「地下 1～3 km くらいにある地熱貯留層からの熱水・蒸気」と，「地表から 200～300 m 程度の深さにある温泉帯水層からの熱水・蒸気」および「地中熱」である．ここでは，現在研究開発中で，近い将来に利用が期待される地熱資源について記すことにする．

8.1 EGS 発電

　EGS 発電とは，Enhanced (Engineered) Geothermal System 発電の略である．正式な日本語訳が確定していないが，強化地熱システム発電とか人工地熱系発電とか呼ばれることがある．この発想の起源は高温岩体発電にある．火山地域でなくても，地下深部に行くと（地下数 km 深）どこでも高温になり（200°C 以上を想定），また高い圧力により岩石中の空隙は閉じ，したがって，水は含まない高温の乾燥岩体となる．ここから熱を取り出して発電を行うというのが高温岩体発電である（図 8.1）．このような高温岩体は火山地域に限られることなく，掘削可能な深度が増せば，資源量は飛躍的に伸びることが予想されるため，将来的に大いに期待されるのである．特に，乾燥高温岩体だけでなく，温度がやや低い透水性の不十分な岩体までを対象に広げると，資源量はさらに大きく増加する．実際，MIT のグループは，米国全体で，深さ 10 km 深までの深さに，

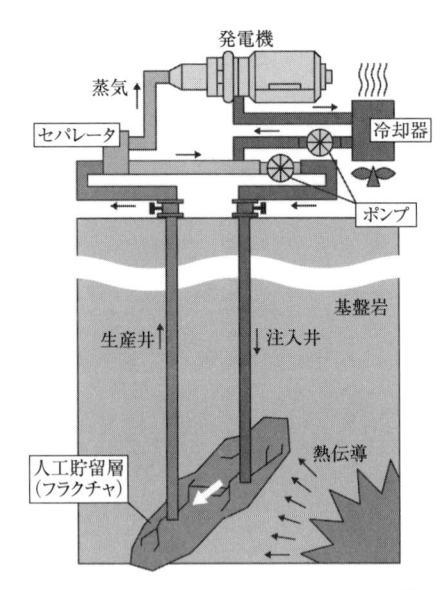

図 8.1 高温岩体発電 (NEDO, 2002)[1]

EGS 発電で期待される発電量は 1 億 5000 万 kW と推定しており，EGS 発電推進の大きな原動力になっている (MIT, 2006).

さて，EGS 発電あるいは高温岩体発電においては，熱の抽出に当たってまず，対象の高温岩体を目掛けて 1 本の坑井を掘削し，この井戸に水を入れ高圧をかけ岩盤を破砕する（水圧破砕という）．次に，この破砕された領域に向けてもう 1 本の井戸を掘り，破砕帯（熱交換面）と 2 本の井戸を連結させ，一方の井戸から冷水を注入して破砕帯で高温の岩体と熱交換し，温められた熱水をもう 1 本の井戸から回収する．このようなシステムは米国，日本，欧州の世界各地で実際に形成され，熱抽出が可能であることは示されたが，水の回収率が低いこと，水圧入に大きなエネルギーを要すること，深い坑井の掘削に高額な費用が掛かることなどから，実用化への道は遠かった．しかしながら，それほど高温でなくても，また，高温乾燥岩体でなくとも水は存在するが十分な透水性がないような場合に，水圧破砕を行って，透水性を改善することによって水を循環させ熱回収が可能となる．このような場合と高温乾燥岩体を含め，人工的に透水性を高め，熱を取り出し発電を目指す方式を EGS 発電と呼んでいる．これ

---

[1] 新エネルギー・産業技術総合開発機構 (NEDO)「再生可能エネルギー技術白書（第 2 版）」より書き起こし引用．

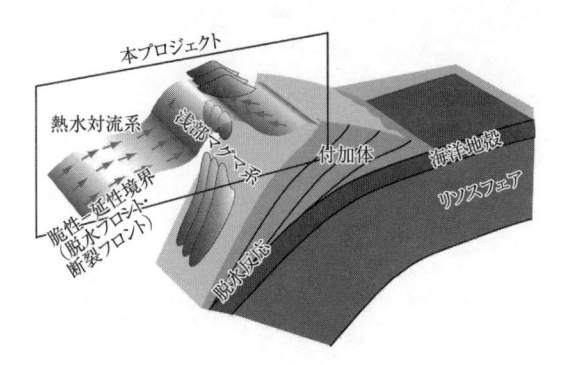

図 8.2 延性帯発電（村岡ほか，2013）

によって，対象とする資源量が極めて大きくなることもあり，アメリカを中心に積極的に研究開発が始められている．高温乾燥岩体の場合は，まだ，開発に時間と経費が掛かるが，EGS 発電は比較的容易に始めることができる．現在，アメリカでは，既設地熱発電所地域の地熱貯留層の周辺の領域を EGS 発電の対象領域として開発が進められている地域がある．

わが国でも高温岩体発電のフィージビリティスタディには成功したが，最終的には当時においては経済的でないと判断され，研究開発は中断している．現在，JOGMEC（石油天然ガス・金属鉱物資源機構）の研究開発において，生産性の不十分な地熱貯留層に水圧破砕を実施し，透水性を改善して生産量を増大させる技術開発が計画されており，これまで培われてきた高温岩体発電の技術開発が活かされると期待される．浅部の火山性資源に恵まれているわが国としては，当面，その開発に注力し地熱発電所を建設していくことを目指し，EGS 発電に関しては，基礎的な研究を継続し，将来に備えることが良いのではないかと考えている．

なお，最近，わが国の地熱研究グループは，地熱貯留層とマグマの間にある高温の延性帯をターゲットとした研究開発を始めつつある（図 8.2）．この延性帯領域に複数の井戸を掘り，EGS 発電のように 1 つの井戸から冷水を注入し，高温の延性帯で熱交換し温められた水を，別の井戸から取り出すというものである．このような深度であれば，水が散逸することなく，温められた水のほとんどが回収されると考えられている．また，このような深度であれば温泉への影響の可能性もなく，温泉関係者の理解も得やすいとも考えられる．

8.2 マグマの利用

活火山の下数 km の深さにはマグマと呼ばれる高温の溶融岩体がある．一般に，このマグマの上部に熱水対流系が発達している．マグマの温度は 800～1200°C 程度であり，エネルギー源としては極めて品質が高いといえる．たとえば，直径 2 km の球形のマグマから熱を取り出し，発電を行えば，100 万 kW の発電が 30 年行えるとの計算結果がある (Eichelberger and Dunn, 1990)．なお，マグマは噴火によって地上に噴出してしまうが，大規模の噴火の場合，噴出するのは貯えられたマグマの 10%程度と推定されており，また，マグマは深部から継続的に補給されることが多く，実際にマグマが 30 年間で枯渇してしまうということではない．

マグマからの熱抽出は究極の地熱エネルギー利用ということができ，極めてチャレンジングな課題と考えられる．現在，マグマからの熱抽出として 2 つの方式（オープン方式とクローズト方式）が考えられている．オープン方式は米国で考案された方式で（図 8.3），マグマの上部に温められた水の回収用に坑井を掘削する．この坑井の中からさらに深部までマグマの中を掘り進み，細いパイプを埋め込む．そして，細いパイプから冷水を注入し，マグマと接触して蒸気になった水を，細いパイプと水回収用の坑井の環状部から回収するものである．このような熱交換システムが，ハワイ・キラウエア火山の溶岩湖に形成され（深

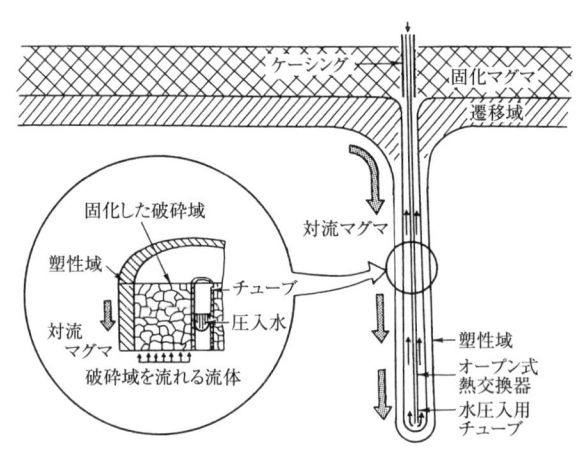

図 **8.3** オープン方式マグマ発電 (Chu et al., 1990)

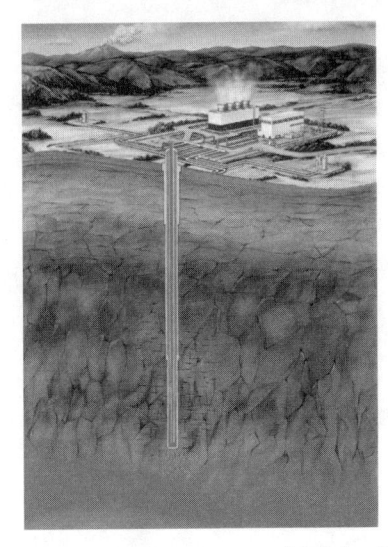

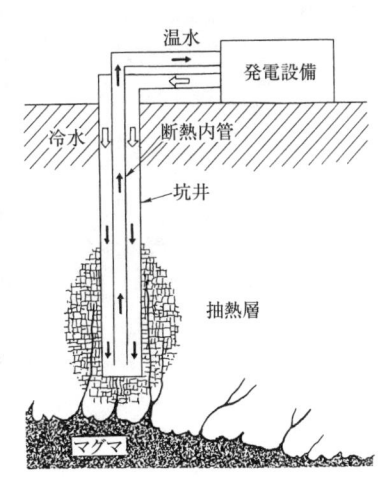

図 8.4 クローズド方式マグマ発電 (Morita *et al.*, 1985)

さ 70 m), 実際に熱回収に成功している. その結果, 熱抽出率として $70\,\mathrm{kW/m^2}$ という値が得られている. この値は, たとえば地中熱利用の場合, 熱交換井戸から抽出される熱量が数十 W/m (熱抽出井の単位面積当たりに換算すると $20\sim30\,\mathrm{W/m^2}$ 程度に相当) であるのと比較すると, マグマからの抽熱の有効性がいかに大きいかが理解できる.

上述の実験が行われたのは地下数 km という深部のマグマではないが, 溶融している実際のマグマからの抽熱が可能なことを実験的に示したことの意義は大きい. また, これに関連した材料の研究において, マグマと接触する金属についても模擬マグマを使った腐食試験が行われ, 材料開発の見通しも得られている (Chu *et al.*, 1990). このような研究を深部のマグマに適用するために, さらに米国西部のロングバレーカルデラ地域において掘削が始められたが, マグマが存在すると推定された 5 km の目標深度に至る前の深度で, 経済的な理由から中断されてしまったことは残念である.

わが国でもマグマからの熱抽出の研究が行われ, クローズド方式である坑井内同軸熱交換器 (DCHE) 方式が提案された (図 8.4). DCHE 方式とは, まず, 対象領域まで掘削し金属製のパイプを挿入する (外管と呼ぶ). この中に, 断熱性の良いパイプを挿入し二重管式熱交換器を構成する. 次に地表面の環状の部分から冷水を注入し, 深部で熱交換を行い, 温められた流体を内管から回収

して発電あるいは直接利用を行う．この方式はハワイ・キラウエア火山の山腹に設置され（深さ1000m），実際に熱回収実験に成功している（盛田，1992）．回収された熱量も数値計算結果の予測と極めて良い一致を見せた．熱交換器を設置したのはそれほど高温の領域ではなかったが（1000mで150°C程度），このようなシステムが1000mという深度にわたって実際に構築され，かつ十分機能することが確かめられた．さらに，大分県九重火山の実際の熱構造に基づいて，3000mの同軸型の熱交換井を掘削した場合の熱抽出量の評価が行われた．その結果，深さ3000mの坑井から，15年以上にわたって，15MW以上の熱が回収されうることが示された（江原・盛田，1993）．また，九重火山の一連の実験の中で，発電材料に対する高温火山ガスを使った応力腐食試験が行われたが，掘削井から得られた高温火山ガス中にはほとんど酸素が含まれておらず，腐食の程度も，通常の地熱蒸気の場合とほとんど差がないということが明らかにされた．このことは，無酸素の条件下で熱抽出・発電プロセスが進行するように設計すれば，材料問題は決定的な問題にはならないことを示していると考えられる．一方，高温火山ガスが冷却し，凝縮すると極めて強い酸性（pH1以下）の液体となり，短時間でステンレスパイプに穴が開くことも示されており，火山ガスの凝縮を避けることも重要であることもわかっている（江原，1996）．

　マグマから熱を抽出する上記2つのアイデアは，必ずしも地下深部のマグマに対して実験が行われたわけではないが，マグマからの熱抽出という基本的な要素は実現されており，マグマの熱を利用するための第一歩が記されたといえる．今後の進展を期待したい．なお，アイスランドでは，火山深部の超臨界状態の水の熱エネルギー抽出を目指して行われた研究のなかで，ボーリング坑はマグマの一部を掘り進んでおり，また，わが国の雲仙火山掘削研究においても，最も最近の噴火時に陥入したマグマの跡（火道）を掘りぬいており，数百°C〜1000°C程度の高温を掘削することは既に可能となっていると考えてよいだろう．すでに述べたように，わが国でも，岩手県葛根田地熱地域の深部地熱調査において，深さ3729mで500°Cを超える領域を掘削している．この領域は，高温のため岩石は脆性から延性に移行している．また，わが国の村岡ら（2013）をはじめとする研究グループは，この延性帯からの熱抽出を目指した研究を行っており，近い将来，坑井を掘削しての研究調査が進展することを期待したい．

　最後に，熱収支的観点から，マグマからの熱抽出がそれほど荒唐無稽でないことを示したい．20世紀最大の噴火は1990年に発生したフィリピンのピナツボ火山の噴火である．噴火に伴う噴煙柱は30km程度まで達したといわれている．

噴火に伴って放出されるエネルギーのほとんどの部分は噴出物に付随する熱エネルギーといわれるが，このピナツボ火山の場合，噴出物総量から噴火によって放出された熱エネルギーは 10^{21} J と評価されている．一方，同様な噴火が約600 年前に発生したことが，噴火後の調査で明らかにされた (Casadevall, 1991) が，1990 年の噴火によって放出されたエネルギーが，それまでの 600 年間に蓄積されたとすると，平均熱蓄積率は約 700 MW である．これを実際の地熱発電所における抽熱率と比較してみることにする．わが国で最大の大分県八丁原地熱発電所の電気出力は 112 MW であるが，熱出力に換算すると約 800 MW（熱から電気への熱交換率を 13％とした場合）である．ということは，ピナツボ火山での蓄熱率と八丁原地熱発電所における抽熱率は同程度であるということである．このことは，1990 年ピナツボ火山噴火のような大規模な噴火の場合でも，現実の地熱発電所程度の規模の熱抽出で，熱の蓄積は抑えられるということである．すなわち，火山の噴火は瞬時に大量の熱エネルギーを放出するが，平均の熱蓄積率はそれ程大きくなく，現存する地熱発電所の規模程度で熱抽出を行うことによって，噴火を起こすような熱エネルギーの蓄積を解消できる可能性があることになる．

以上は単に熱収支を見ただけであり，火山では実際にはマグマとして（物質として）熱が供給されるわけであり，力学的な問題も当然検討する必要があるが，マグマから熱エネルギーを抽出することによって，火山活動を制御することが，熱収支的には不可能ではないことを示している．将来的には，火山の深部から供給される熱を人工的に抽出し，熱利用を行いながら火山体深部への熱蓄積を避けることによって，火山活動を緩和あるいは制御することが可能となるかもしれない．そのようなことが実現されるためには，火山地下の構造あるいは火山活動の理解をさらに深める必要があるが，将来の研究課題として極めてチャレンジングな課題ということがいえるだろう．

8.3 異常高圧層の熱水資源

近い将来利用できる可能性のある深さ 10 km より浅部の地熱エネルギーとしては，一般にマグマ資源や高温岩体資源が考えられるが，この程度の深度にある特異な資源として，異常高圧層の熱水資源が考えられる (Elders, 1991)．これは堆積盆地型地熱系の一種であり，特に米国のメキシコ湾北部地域に広大に広がっており，資源量も極めて巨大といわれる（従来型の熱水系資源よりはる

かに多いといわれている）．この資源は巨大な第三紀の堆積盆地地域に発達したもので，深さ4～7kmの深さに存在し温度は150～230°Cであり，間隙水圧は静水圧よりもはるかに高く，静岩圧に近い場合もあるといわれる．この資源の形成プロセスとしては，堆積速度が速いため地層間隙中の水が堆積過程で十分抜けきらず，高い圧力のまま保持されていると考えられている．この間隙水圧中にはメタンが含まれていることも知られている ($5～7\,m^3/kL$)．したがって，この異常高圧層に含まれている水は，温度が高くメタンが含まれ，そして水圧が高いという3つの資源に恵まれていることになる．現在では，これらの資源は地下深部に存在しており，経済的に生産される段階に至っていないが，メタン含有量が多ければ採算にのるといわれている．ただし近年，陸上部のシェールガスが，生産技術の進展により大量に生産されることになってきたので，当面は開発対象にはならないのではないかと思われる．このような巨大な異常高圧熱水資源は残念ながらわが国には存在していないが，非火山国のドイツにも見られるように，堆積盆地の地下4000m程度の深度に存在する熱水貯留層から熱水を取り出して，数千kW程度のバイナリー発電と直接利用に使われている例がある．わが国でも，都会が多く存在する平野地域（その多くは堆積盆地でもある）の深部には，熱水が賦存する地域が知られており（従来，深層熱水といわれる），将来的には，火山性の地熱貯留層に恵まれない都会地域においては，深層熱水の利用も十分考えられてよいであろう．その効果的な利用のためにはEGS発電の技術が転用できると考えられる．

8.4 2050年地熱エネルギービジョン

以上の3つの節においては，将来的に利用が期待される地熱エネルギーとして，EGS，マグマ，そして異常高圧熱水資源を取り上げ紹介したが，最後に，地熱エネルギー利用の将来の可能性について触れることにする．ここで取り上げる対象としては，現在，その利用に関して技術的にほぼ確立している地熱発電（バイナリー発電を含む）とする．

地熱発電の将来の可能性を考えるとき，地球温暖化の議論においても，2050年が1つの目標時点になっており，2050年において，わが国にはどの程度，再生可能エネルギー（自然エネルギー）の供給ポテンシアルが想定できるか，そして，そのなかで地熱エネルギーはどのような貢献が可能かを考えてみたい．このような評価をほかの自然エネルギーの団体と協力して行ったので，以下に紹

介したい（環境エネルギー政策研究所，2008；江原ほか，2008）．

　各自然エネルギー団体は，それぞれの自然エネルギーにおける供給可能性を最大限拾い上げることにした．その際，以下のような視点に基づくことにした．

(1) 中小水力，太陽光/熱，風力，地熱，バイオマス等の自然エネルギーによる供給を最大限利用する．

(2) 自然エネルギー比率を50%以上とし，CO_2排出量を70%以上削減（2000年比）とする．

(3) 国立環境研究所による2050年日本低炭素化社会のシナリオBをベースに，エネルギー需要を考える（GDP成長率を年1%．高度成長型ではなく，地域重視・自然志向のライフスタイルを想定する）．2050年でのエネルギー使用量を現在より，20%減少したものを想定する．

(4) 化石燃料はできるだけ後世に残すものとし，化石燃料発電および原子力発電は必要最小限に限定する．

　そして，各エネルギー団体がそれぞれの評価を行い，それらを統合して2050年にどのようなビジョン（2050年自然エネルギービジョン，地熱エネルギーに関しては，2050年地熱エネルギービジョン）が描けるかを追究した．

　地熱エネルギーに関しては以下のような評価を行った．発電利用に関しては，地熱発電として従来型の天然蒸気発電（フラッシュ発電）だけでなく，150°C以上の熱水についてはバイナリー発電を積極的に導入することにした．また，温泉発電として高温温泉をバイナリー発電に積極的に用いるとともに，現在，すべて地下に還元している還元熱水の一部（還元熱水のうち直接利用分等を差し引いた残りの60%）を，バイナリー発電に利用するものとした．一方，3つのシナリオ（ベースシナリオ，ベストシナリオ，ドリームシナリオ）を想定した．ベースシナリオは低位シナリオで，問題点を地道に解決して，到達すべき「せねばならぬシナリオ」ともいえる．ベストシナリオは中位シナリオで，すこぶる困難な問題をあきらめずに克服して，到達したい「渾身の力を込めたシナリオ」といえる．ドリームシナリオは高位シナリオで，革命的なブレークスルーで導く理想の「ロマンを抱こうシナリオ」ともいえるものである．ドリームシナリオは，国立公園問題や温泉問題が解決し，現在評価されている地熱資源量（2347万kW）の半分が利用可能となるような抜本的なものである．

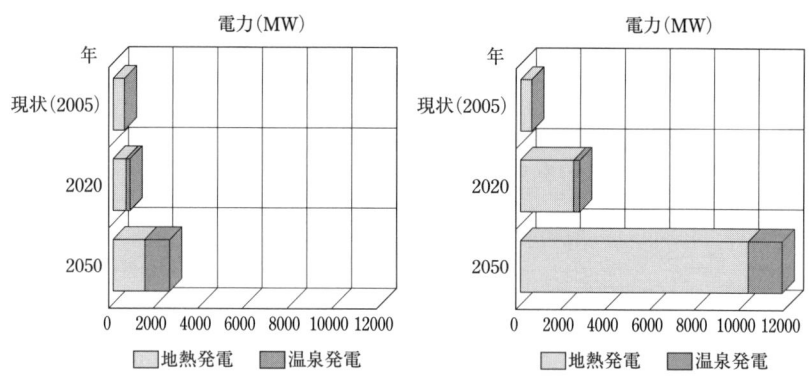

図 8.5 地熱発電ベースシナリオ　　図 8.6 地熱発電ドリームシナリオ

　地熱発電ベースシナリオを示したのが，図 8.5 である．なお，2005 年における地熱発電の貢献は総電力供給量の 0.3％である．ベースシナリオにおいては，2050 年には温泉発電の一定の進展が望まれるが，地熱発電の伸びは現在の倍程度であり地熱発電の寄与はあまり望めない．この状況は，残念ながら，ベストシナリオでも大きな改善は見られない．一方，地熱発電ドリームシナリオを示したのが，図 8.6 である．この場合には，温泉発電に比べ地熱発電が大きく伸び，2050 年には総電力供給量の 10.2％の貢献が可能となっている．3 つのシナリオの推移を合わせて示したのが図 8.7 である．これを見ると，ドリームシナリオでは 2020 年から 2050 年にかけて，極めて大きな進展が期待されていることがわかる．これは並大抵な努力で実現するものではない．なお，図 8.7 には世界第 2 位の地熱資源大国インドネシア（わが国より，少し資源量が大きい）の国家目標を参考のため示した．インドネシアの国家目標はドリームシナリオよりもさらにチャレンジングな数値となっている．インドネシアにおける現実の進展状況はこれに後れをとっている．しかし，このような高い国家目標を掲げており，それに近づけるために加速プログラムが追加され，大きな努力がなされている．再生可能エネルギーの導入量を意味あるものにしていくためには，高い数値目標を掲げそれを実現するための強い意志が必要であることを示している．地熱発電に限っていえば，地熱発電が重要な貢献をするための資源ポテンシアルは十分持ち合わせているが，それを開発利用していくための強い意志が必要であるということである．今後，省エネルギーおよびエネルギー利用の高効率化が進むことは確実であり，一方，これは残念なことであるが，わが国の人口は今後，現在より減少し，2050 年には現在から 30％程度減少する可能性が

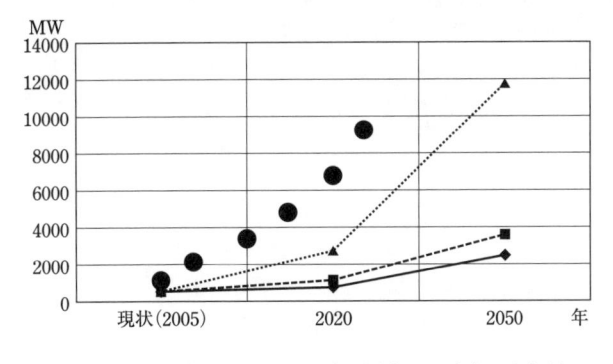

図 **8.7** シナリオ別地熱発電設備容量の比較：●はインドネシアの国家目標.

指摘されている．さらに，前節で述べた，EGS 発電やマグマ発電が実現される可能性もある．そのような状況になれば，上述の地熱発電の貢献 10%をさらに上回ることも十分考えられる．そうなれば，ベース電源としての機能も十分発揮されることであろう．

さて，地熱発電を含めた自然エネルギー全体の貢献である「2050 年自然エネルギービジョン」を図 8.8 に示した．これによると，総電力需要量の 67%を自然エネルギーで賄える可能性を示している．同時に，重要なことは，特定の電源が多くのシェアを占めることはなく，それぞれが全体の 10〜20%をシェアするというモデルになっている．これは，エネルギー供給の安全保障という観点からは非常に重要である．なお，2050 年自然エネルギーシナリオでは，原子力発電に一定の貢献（総電力需要量の 8%）を期待している．これは不足分に対して原子力発電の寄与を想定したものであるが，いわゆる 3.11 後，産業用・家庭用各分野で節電が実行され，その量は 3.11 以前の総電力需要量の 10%程度に達している．このことは，2050 年において，原子力発電を想定しないシナリオが可能であることを示している．

ところで，2012 年 7 月に導入された固定価格買取制度 (FIT) は，エネルギー源ごとの諸事情の違いを考慮して，エネルギー源ごとに異なった買取価格が設定されており，各エネルギー源がそれぞれ進展する可能性が担保されていることは，重要なポイントであったといえる．当初想定されていたように，エネルギー源に関わりなく同一の買取価格が設定されたならば，特定のエネルギー源だけがシェアを伸ばすという，エネルギー安全保障からは望ましくない結果と

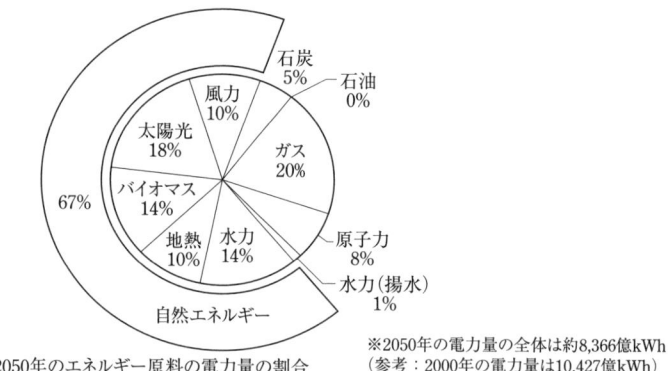

図 **8.8** 2050 年のエネルギー源別の総電力供給量の割合（環境エネルギー政策研究所，2008）

なることが予想されたところであった．なお，現在のところ（2014 年 1 月末現在，2014 年 4 月 18 日経済産業省資源エネルギー庁発表），FIT における全導入量 761.3 万 kW のうち 741.4 万 kW（全体の 97.4%）が太陽光発電となっているが，これは，設置場所が準備できれば，すぐに発電設備を設置し発電が開始されるという太陽光発電特有の事情によっているのであり，FIT を近視眼的に評価するよりも長い目で判断していく必要があろう．

一方，地熱発電は場所が決まれば，すぐ発電所を建設して発電を始められるというものではない．すなわち，地下の状況の見極め，環境への影響等，丁寧に評価する必要があり，特に 1 万 kW を超える大規模地熱発電所の場合は，法的環境アセスメントに 4 年間程度必要であり（現在，これを半分程度にすることが検討されている），発電所の建設にも 1 年～1 年半程度必要であり，地下調査から始まり発電開始までには少なくとも 10 年程度は必要である．このような事情はあるが，現在，大中小規模を含め全国 50 ヵ所程度で地熱発電所建設のための調査あるいは検討が行われており，中小規模の発電所は今後少しずつ運転開始するであろうし，地熱発電は，2020 年以降目に見えた貢献が実現していくと予想される．

さて，最後に，世界全体では，電力を含めた総エネルギーに対して，自然エネルギーの貢献にどのようなシナリオが想定されているかについて触れることにしよう．図 8.9 に 2050 年までの世界の総エネルギーに占める自然エネルギーの割合が示されており，低・中・高位シナリオに分けて示されている．これによると，立場の違いによって，見通しが大きく異なっていることがわかる．より

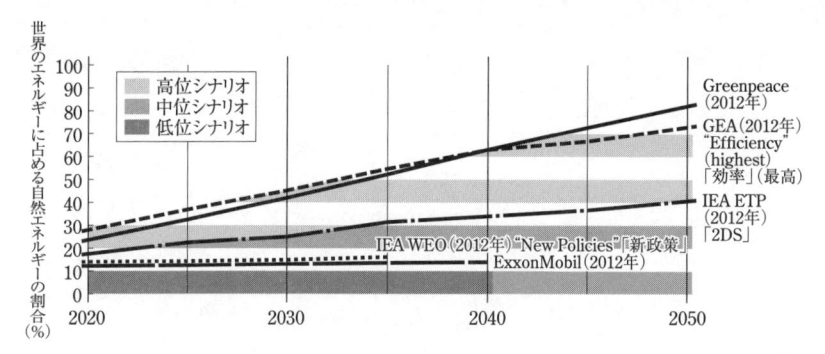

図 **8.9** 2050 年までの自然エネルギー低・中・高位シナリオ（環境エネルギー政策研究所・REN21，2013）

環境への配慮を望む自然エネルギー推進の立場 (Greenpeace) では，2050 年には 80% を超えて高位のシナリオになっている．一方，化石エネルギーを生産する立場 (ExxonMobil) では，2050 年に 20% を超えない低位のシナリオ（2020～2040 年の予測を 2050 年にまで外挿した）となっている．このように，立場によって異なる幅広いシナリオが設定されているのは，自然エネルギーの供給ポテンシアルは決して不足しているのではなく，量的には十分なものがあるが，現在の立場および将来，どのような社会（技術の進展を含めて）を想定するかといったような，選択の問題に起因していると考えられる．われわれが，地球環境に配慮した持続可能な社会を目指すとすれば，どのような選択をすべきか自ずと明らかになると思われる．大事なことは，単に予測を行うだけではなく，確実な検証を行い実現の状況を確認しながら，絶えず確かな見通しを人類に示していくことであろう．地熱エネルギーの利用を確実に増やしていくことが，そのような方向へ貢献していくことになると考えられる．

付録1　熱伝導の基礎──熱伝導方程式の導出

熱伝導の微分方程式の導出を2つの異なる観点から示すことにする．

いま，無限に長い円筒中に微小部分を考え（図付録1.1），各量を次のように定義する．微小体積：δV，微小長さ：δn，微小断面積 δA，単位体積・単位時間当たりの発熱量 H（地球内部の場合，放射性発熱量），媒質の密度：ρ，比熱：c，熱伝導率：K，熱拡散率：κ $(= K/\rho c)$，微小時間変化量：dt，微小時間内の温度上昇量：dT とする．すなわち，1次元的な（n 方向）熱の流れを考える．

1. dt 時間に δV 内で発生する熱量　……$\delta q_1 = H \cdot \delta V \cdot dt$
2. δq_1 のうち，温度上昇に使われる熱量　……$\delta q_2 = \rho \cdot c \cdot \delta V \cdot dT$

ここで，δq_1 と δq_2 との差を $\delta q_1 - \delta q_2 = \delta q$ と置くと，これは断面積 δA を流れる熱量に相当し，

$$\delta q = -\left(K \cdot \frac{\partial T}{\partial n}\right) \cdot \delta A \cdot dT$$

$$\delta q_1 = \delta q_2 + \delta q$$

であるから，本式に，以上の量を代入すると，

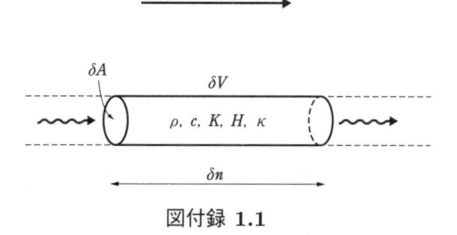

$$H \cdot \delta V \cdot dt = \rho \cdot c \cdot \delta V \cdot dT - \left(K \cdot \frac{\partial T}{\partial n}\right) \qquad \text{付 (1.1)}$$

図付録 1.1

ここで，右辺第 2 項にガウスの発散定理を使い，積分形式で表現すると（3 次元的に拡大して考える），

$$\int H \cdot dt \cdot \delta V = \int \rho \cdot c \cdot dT \cdot \delta V - \int \mathrm{div}(K\mathrm{grad}T) \cdot dt \cdot \delta V$$

$$\int (H \cdot \delta t - \rho \cdot c \cdot dT - \mathrm{div}(K\mathrm{grad}T))dt = 0$$

上の積分が常に成り立つためには，被積分関数が 0 である必要があり，dt で割ると，

$$\rho \cdot c \cdot \frac{\partial T}{\partial t} = \mathrm{div}(K\mathrm{grad}T) + H \qquad 付 (1.2)$$

K が場所によってよらず一定とすると

$$\rho \cdot c \cdot \frac{\partial T}{\partial t} = K\mathrm{div}(\mathrm{grad}T) + H \qquad 付 (1.3)$$

ここで，ベクトル表示を，x, y, z 直交座標系に書き直すと

$$\rho \cdot c \cdot \frac{\partial T}{\partial t} = K\left(\frac{\partial^2 T}{\partial x^2} + \frac{\partial^2 T}{\partial y^2} + \frac{\partial^2 T}{\partial z^2}\right) + H \qquad 付 (1.4)$$

1 次元的な熱の流れ（x 方向）のみを考えるとすれば

$$\rho \cdot c \cdot \frac{\partial T}{\partial t} = K\left(\frac{\partial^2 T}{\partial x^2}\right) + H \qquad 付 (1.5)$$

定常状態を考えれば（温度が時間的に変化しない）

$$K\left(\frac{d^2 T}{dx^2}\right) + H = 0 \qquad 付 (1.6)$$

さて，以下では，別の方法で式付 (1.5) 式を導いてみることにしよう．図は図付録 1.1 と同じものを想定する（ただし，断面積が 1 で長さが dx とする）．

(a) 微小円筒が dt 時間に得た熱量 q_1

$$q_1 = 質量（密度 \times 体積）\times 比熱 \times 温度上昇量$$
$$= \rho \cdot 1 \cdot dx \cdot c \cdot dT$$

(b) 熱伝導によって dT 時間内に微小円筒にたまった熱量 q_2

$q_2 = ((x = x$ において流入する熱量$) - (x = x + dx$ において流出する熱量$))$
  $\times$ 断面積 $\times$ 時間

$$= \left(\left(-K\frac{dT}{dx}\right)_{x=x} - \left(-K\frac{dT}{dx}\right)_{x=x+dx}\right) \cdot 1 \cdot dt$$

(c) 熱源の発熱によって dt 時間に微小円筒にたまった熱量 q_3

$$q_3 = 発熱量 \times 体積 \times 時間$$
$$= H \cdot dx \cdot 1 \cdot dt$$

$q_1 = q_2 + q_3$ であるから

$$\rho \cdot dx \cdot c \cdot dT = \left(\left(-K \frac{dT}{dx} \right)_{x=x} - \left(-K \frac{dT}{dx} \right)_{x=x+dx} \right) \cdot dt + H \cdot dx \cdot dt \qquad 付 (1.7)$$

両辺を $dx \cdot dt$ で割ると

$$\rho \cdot c \cdot \frac{\partial T}{\partial t} = \frac{K \frac{\partial T}{\partial x} \big|_{x=x+dx} - K \frac{\partial T}{\partial x} \big|_{x=x}}{dx} + H \qquad 付 (1.8)$$

dt および dx を微小量とすると $(dt \to 0, \ dx \to 0)$

$$\rho \cdot c \cdot \frac{\partial T}{\partial t} = \frac{\partial}{\partial x} \left(K \frac{\partial T}{\partial x} \right) + H \qquad 付 (1.9)$$

K が場所によらず一定とすると，

$$\rho \cdot c \cdot \frac{\partial T}{\partial t} = K \left(\frac{\partial^2 T}{\partial x^2} \right) + H \qquad 付 (1.10)$$

となり，式付 (1.5) と同じになる．

付録2　熱伝導における役に立つ解（公式）

「付録1　熱伝導の基礎」から，非定常3次元固体熱伝導の微分方程式は以下のように書ける．ただし，以下では熱伝導率 K は一定とする．

$$\rho \cdot c \cdot \frac{\partial T}{\partial t} = K \left(\frac{\partial^2 T}{\partial x^2} + \frac{\partial^2 T}{\partial y^2} + \frac{\partial^2 T}{\partial z^2} \right) + H \qquad 付 (2.1)$$

さらに，以下では，マグマの冷却のような比較的短時間な過渡的現象を考える（放射性熱源のような長時間の時間変化は想定しないものとする）と $H=0$ としてよいので，式付 (2.1) は以下のようになる．

$$\rho \cdot c \cdot \frac{\partial T}{\partial t} = K \left(\frac{\partial^2 T}{\partial x^2} + \frac{\partial^2 T}{\partial y^2} + \frac{\partial^2 T}{\partial z^2} \right) \qquad 付 (2.2)$$

上式は，熱伝導率が一定の場合の3次元固体熱伝導方程式である．この熱伝導方程式に関しては種々の境界条件，初期条件のもとで，解が得られているものも多く便利なものも多い（詳細は，Carslaw and Jaegar, 1959 あるいは，川下，1976 を参照．）．以下では，地球内部の熱伝導を考える場合に便利な公式を整理してみる．

半無限固体中で初期温度 $T=f(z)$ が与えられる場合．ただし，地表面温度を0とする．

（地球深部に発生したマグマなどの熱源（初期温度 $T=f(z)$）が冷却する場合を想定）

- 1次元の場合（z 方向）

$$T(z,t) = \left(\frac{1}{2\sqrt{\pi \kappa t}} \right) \int_{-\infty}^{\infty} f(z') \exp\left(\frac{-(z-z')^2}{4\kappa t} \right) dz' \qquad 付 (2.3)$$

- 2次元の場合（x, y 方向）

$$T(x,y,t) = \left(\frac{1}{2\sqrt{\pi\kappa t}}\right)^2 \int_{-\infty}^{\infty} f(x',y') \exp\left(-\frac{(x-x')^2+(y-y')^2}{4\kappa t}\right) dx'dy'$$
付 (2.4)

- 3次元の場合（x, y, z 方向）

$$T(x,y,zt) = \left(\frac{1}{2\sqrt{\pi\kappa t}}\right)^3 \int_{-\infty}^{\infty} f(x',y',z')$$
$$\cdot \exp\left(-\frac{(x-x')^2+(y-y')^2+(z-z')^2}{4\kappa t}\right) dx'dy'dz' \quad 付 (2.5)$$

　これらの公式を使えば，任意の初期温度分布を持った熱源（マグマ）が，地球内部で冷却する場合の温度場の時間的変化を計算できることになる．

　ここで，1次元の場合の有用な例を示そう．これは，地表面の温度が0で，初期温度 $T = T_0$ が一定の場合，地下温度がどのように変化するかを議論する場合に使われる．地球の場合では，高温の地球が熱伝導的に冷却する場合や，溶岩湖内部の熱伝導的冷却，あるいは地表に流出した溶岩の熱伝導的冷却等に応用できる（もちろん，一般的には3次元的扱いが望ましいが，ここでは簡単のため1次元的取扱いとする）．

　この場合の解は上記の1次元の場合の解を利用することができる．この解において，z が $-\infty$ から 0 までの初期温度を $-T_0$，0 から ∞ までの初期温度を T_0 と置くと，境界面 $z = 0$ では温度は常に保たれ，z が 0 から ∞ において，初期温度 $T = T_0$ が維持される（詳細は，川下，1969を参照）．得られる解は最終的に以下のようになる．

$$T(z,t) = T_0 \cdot \Phi\left(\frac{z}{2\sqrt{\kappa t}}\right) = T_0 \cdot \mathrm{erf}\left(\frac{z}{2\sqrt{\kappa t}}\right) \qquad 付 (2.6)$$

ただし，$\Phi(z/2\sqrt{\kappa t})$ あるいは $\mathrm{erf}(z/2\sqrt{\kappa t})$ は誤差関数（あるいは error function）と呼ばれ，計算機上に関数として与えられたり，数表としても与えられている．誤差関数 $\Phi(x)$ あるいは $\mathrm{erf}(x)$ は一般的に以下のように表現される．

$$\Phi(x) = \frac{2}{\sqrt{\pi}} \int_0^x \exp(-\beta^2)d\beta = \mathrm{erf}(x) \qquad 付 (2.7)$$

この誤差関数は以下のような性質を持っている．

- $\mathrm{erf}(0) = 0$

- $\mathrm{erf}(\infty) = 1$

- $\mathrm{erf}(-z) = -\mathrm{erf}(z)$

- $\mathrm{erf}c(z) = 1 - \mathrm{erf}(z)$

- $\dfrac{d}{dz}\mathrm{erf}(z) = \dfrac{2}{\sqrt{\pi}} \exp(-z^2)$

さて，式付 (2.6) において，境界条件である地表面温度は 0 となっているが，0°C というのは特殊な状態であるが（実際には，年平均気温である 10°C とか 15°C となっている），T の代わりに，$T-10$ あるいは $T-15$ とすれば，式付 (2.6) はそのまま使うことができる．

付録3　熱対流の基礎

　熱対流の定式化においては，非定常多相3次元の取り扱いが一般的であるが（石戸，2002），対流現象の本質的・基礎的理解のためには，諸パラメータが一定の定常2次元の単相（液相のみ）の場合を考えるとよいと思われるので，以下に紹介する．定常2次元熱対流を記述するにあたって，以下のような座標，パラメータ等を導入する．

1. x, z 直交座標を考えることにし，x を水平方向の座標，z を鉛直方向の座標とする．
2. 圧力を P，温度を T で表す．
3. x 方向の流速を V_x，z 方向の流速を V_z とする．
4. 粘性係数を μ，透水係数（浸透率）を k で表す．
5. ρ_f，c_f は流体（水）の密度・比熱．K_r は水を含んだ媒質の熱伝導率，g は重力加速度である．
6. β は体膨張係数である．

質量保存則から導かれる連続方程式は以下のように表される．

$$\frac{\partial V_x}{\partial x} + \frac{\partial V_z}{\partial z} = 0 \qquad 付(3.1)$$

ダルシーの法則から導かれる運動方程式は以下のように表される．

$$V_x = -\left(\frac{\mu}{k}\right)\frac{\partial P}{\partial x} \qquad 付(3.2)$$

$$V_z = -\left(\frac{\mu}{k}\right)\left(\frac{\partial P}{\partial z} + \rho_f g\right) \qquad 付(3.3)$$

エネルギー保存則から導かれるエネルギー方程式は以下のように表される．

$$V_x\frac{\partial T}{\partial x} + V_z\frac{\partial T}{\partial z} = \left(\frac{K_r}{\rho_f c_f}\right)\left(\frac{\partial^2 T}{\partial x^2} + \frac{\partial^2 T}{\partial z^2}\right) \qquad 付(3.4)$$

状態方程式は以下のように表される．

$$\rho_f = \rho_{f_0}(1 - \beta(T - T_0)) \qquad 付 (3.5)$$

なお，ρ_{f_0} は基準温度 $T = T_0$ のときの ρ_f である．

未知数は，温度 (T) と圧力 (P) の2つあるので，これを求めるために以上の4組の微分方程式を整理する．

式の整理にあたって，以下の流れ関数 Ψ を導入する．

$$V_x = -\frac{\partial \Psi}{\partial z} \qquad 付 (3.6)$$

$$V_z = \frac{\partial \Psi}{\partial x} \qquad 付 (3.7)$$

この流れ関数を式付 (3.1)〜付 (3.4) に代入して整理すると，以下の2つの式に整理される．

$$\frac{\partial^2 \Psi}{\partial x^2} + \frac{\partial^2 \Psi}{\partial z^2} = \left(\frac{k\beta\rho_{f0}g}{\mu}\right)\frac{\delta T}{\delta x} \qquad 付 (3.8)$$

$$\frac{\partial^2 T}{\partial x^2} + \frac{\partial^2 T}{\partial z^2} = \left(\frac{\rho_f c_f}{Kr}\right)\left(\frac{\partial \Psi}{\partial x} \cdot \frac{\partial T}{\partial z} - \frac{\partial \Psi}{\partial z} \cdot \frac{\partial T}{\partial x}\right) \qquad 付 (3.9)$$

上記2式を連立させ，Ψ および T，さらに，最終的に P および T に関して解くことになる．その際，水理的および熱的境界条件が必要である．式付 (3.8) および式付 (3.9) は非線形微分方程式であり，一般には解析的に解を求めることはできず，数値的に求めることになる．微分方程式の数値解法に関しては専門書を参考にされたい．その結果を図で表示することによって，温度分布および流線分布（あるいは圧力分布）を得ることができる．一例を図付録3.1（湯原ほか，1986）に示す．

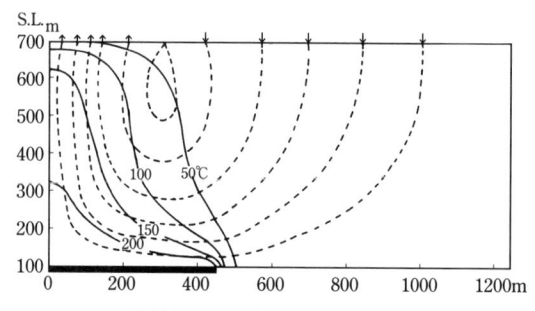

図付録 **3.1** （湯原ほか，1986）
実線は等温線を，破線は流線を示す．

付録4 地熱地域に見られる種々の地熱徴候
(ニュージーランド北島タウポ火山帯内部の地熱地域から)

写真1 火山山腹の噴気地域遠景 (Ketetahi)

写真2 火山山腹の噴気地域近景 (Ketetahi)

写真3 間欠泉 (Rotorua)

写真4 沸騰泉 (Waikite)

写真5 高温湯沼 (Waimang)

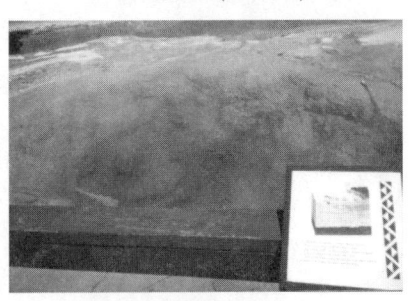

写真6 温泉 (Tokaanu)

写真 7 シリカシンター (Orakeikorako)　　　写真 8 変質帯 (Te Kopia)

おわりに

　地球の熱環境という視点からすると，現在の地球は，グローバルな観点からは地球温暖化，ローカルな観点からはヒートアイランド現象に苦しめられています．その影響はまだ決定的なものにはなっていませんが，深刻な状況へと進みつつあります．その解決には，政治・経済・社会的な観点からの寄与が重要ですが，科学及び技術的観点からの寄与も重要であることは言うまでもありません．なかでも，「地球の熱」に関する学問分野，「地球熱学」あるいは「地熱工学」，そしてそれらを総合した「地球熱システム学」からのアプローチは欠かすことはできないと思われます．しかし，現状では，残念ながら関係する学問分野は個別科学の域を脱しておらず，総合的な観点からの学問的追求が必要です．そのようななかで，「地熱工学」を核として，このような問題へのアプローチと，市民そして学徒，特に若い学徒の参加を期待して書かれたのが本書です．

　地球は半径 6370 km の巨大な，あるいは，宇宙から見れば，小さな球状の物体です．地球は内部ほど高温で，中心の温度は 6000°C に達し，地球内部に貯えられている熱量は 10^{31} ジュールという巨大なものです．残念ながら，現在の技術では地球表層のわずか数 km 以内の熱しか利用できませんが，それでも人類に大きな貢献ができます．

　本書では，地球内部の熱のありようからはじめ，その利用法，社会的な意義等について触れました．地球の熱に関する学問は，まだまだ若い学問です．多くの方に地球の熱について関心を持っていただき，是非とも，問題の解決に参加していただきたいと思っています．

　東日本大震災・福島第一原子力発電所事故の過酷な体験は，われわれの生き方に大きな警鐘を鳴らすことになりました．その中の1つがわが国のエネルギー政策の根本からの見直しでした．3.11直後は，国民の間に明確な合意があったように思えました．しかし，時間が経過し，さらに，2012年12月の政権の交代以降，それがやや不明瞭になっているようです．われわれは，もう一度，3.11直

後の気持ちに戻る必要があるのではないでしょうか．それぞれの分野で，3.11 の過酷な体験を活かしていくことを，改めて確認することが必要ではないでしょうか．

そのような1つとして，再生可能エネルギーとしての地熱エネルギーには責任と期待があります．微力ながら，著者もその流れに身を投じたいと考えています．読者の皆様もそれぞれの分野で活躍されることを期待するとともに，地熱エネルギーへの期待を持ち続け，応援していただき，可能であれば，その流れの中に身を投じていただきたいと思っています．

なお，本書では地熱工学に関する基礎的事項を総括的に解説しました．今後，より深く学ぼうとする方々には，参考文献に示した専門書等を参考にすることをお勧めします．また，最近（2014年2月），地熱エネルギーの開発利用に関する総合的な書籍（『地熱エネルギーハンドブック』（最新の技術的な事項だけでなく，最新の政策的，経済的，社会的観点から見た諸課題が網羅されています．日本地熱学会「地熱エネルギーハンドブック」刊行委員会編，オーム社，2014））が出版されています．個別技術の実際的な習得も含めて参考にされることをお勧めします．

2014年3月1日

地熱情報研究所　江原幸雄・野田徹郎

参考文献

阿部史経・江原幸雄 (2008) 地中熱利用冷暖房システムの LCA, 九大地熱・火山研究報告, 17 号, 2-11.

相川高信・阿部剛志・大澤拓人・浅田陽子・小川拓哉・高橋　渓・村上聡江 (2012) エネルギー自治の必要性と現状、そして将来への課題, 季刊　政策・経営研究, 2012 年 3 号, 1-10.

安芸敬一・P. G. リチャーズ (2004) 地震学──定量的アプローチ, 1-909 (上西幸司, 亀伸樹, 青地秀雄訳), 古今書院.

Allis, G. and Hunt, T. (1986) Analysis of exploitation induced gravity changes at Wairakei geothermal field, *Geophysics*, Vol. 51, 1647-1660.

Anzellini, S., Dewaele, A., Mezouar, M., Loubeyre, P. and Morad, G. (2013) Melting of iron at the earth's inner core boundary based on fast X-ray diffraction, *Science*, Vol. 340, No. 6131, 464-466.

Axselsson, G., Armannsson, h., Bjornsson, S., Floventz, O. G., Gudmundsson, A., Palmmasson, G., Stefansson, V., Steigrimsson, B. and Tulinus, H. (2003) *Sustainable production of geothermal energy —Suggested definition—*, 1.

Bodbarsson, G. G., Preuss, K. and Lipman, M. J. (1986) Modeling of geothermal systems, *Jour. Petroleum Technology*, Vol. 38, 1007-1021.

Bullard, E. C. (1947) Time necessary for a borehole to attain temperature equilibrium, *Monthly Notice Roy. Astron. Geophys., Suppl.*, Vol. 5, 125-133.

Bullen, K. E. (1965) *Introduction to the theory of Seismology*, 1-381, Cambridge at the University Press.

物理探査学会 (1989) 図解物理探査, 1-239.

物理探査学会 (1998) 物理探査ハンドブック, 第 10 章　リモートセンシング, 521-568.

Carslaw, H. S. and Jaeger, J. C. (1959) *Conduction of heat in solids, 2nd ed.*, 1-510, Oxford at the Clarendon Press.

Casadevall, T. J. (1991) Pre-eruption hydrothermal systems at Pinatsubo, Philippine and El Chchon Mexico: Evidence for degassing magmas beneath dormant Volcanoes, *Extended abstracts of Japan-US Cooperative Science program: Magmatic contributions to hydrothermal systems*, 25-30.

Chu, T. Y., Dunn, J. C., Finger, J. T., Rundie, J. B. and Westrich, H. R. (1990) The magma energy program, *GRC Bulletin*, Vol. 19, No. 2, 42-52.

Craig, H. (1963) The isotopic geochemistry of water and carbon in geothermal reas, *Proc. Conference on Nuclear Geology on Geothermal Areas, Spoleto, Pisa*, 17–53.

D'Amore, F. and Panichi, C. (1980) Evaluation of deep temperatures of hydrothermal systems by a new gas geothermometer, *Geochim. Acta*, Vol. 44, 549–556.

電力中央研究所 (2010) 電源別ライフサイクル CO_2 排出量を評価——技術の進展と情勢変化を考慮して再評価, 電中研ニュース, 468 号, 1–4.

Ehara, S. (1992) Thermal structure beneath Kuju Volcao, central Kyushu, *Japan, Jour. Volcanol. Geotherm. Res.*, Vol. 54, 107–116.

Ehara, S., Fujimitsu, Y., Nishijima, J., Fukuoka, K. and Ozawa, M. (2012) Magmatic hydrothermal system beneath Kuju Volcano, Japan and its changes after the 1995 phreatic eruption, *Geothermal and Volcanological Research report of Kyushu University*, No. 20, 134–141.

江原幸雄 (1984) 九州中部地域の地殻熱流量の決定, 火山, 29 巻 2 号, 75–94.

江原幸雄 (1990) 活動的な噴気地域下の熱過程と火山エネルギー抽出可能性の検討——九重硫黄山の例, 日本地熱学会誌, 12 巻 1 号, 49–61.

江原幸雄 (1995) アイスランドの火山と地熱, 地熱エネルギー, 20 巻 3 号, 225–236.

江原幸雄 (1996) 火山発電方式のフィールド実験的研究, 平成 3–5 年度科学研究費試験研究 (B)(1) 研究成果報告書, 1–177.

江原幸雄編著 (2003) 中国大陸の火山・地熱・温泉——フィールド調査から見た自然の一断面, 1–181, 九州大学出版会.

江原幸雄 (2007) 火山の熱システム——九重火山の熱システムと火山エネルギーの利用, 1–193, 櫂歌書房.

江原幸雄 (2012) 地熱エネルギー——地球からの贈りもの, 1–179, オーム社.

江原幸雄・岡本 純 (1974) 噴気地からの放熱量の推定, 日本地熱学会誌, 2 巻 1 号, 13–27.

江原幸雄・橋本和幸 (1992) 活動的な噴気地域の背景的熱構造——九重硫黄山の例, 日本地熱学会誌, 14 巻 1 号, 205–221.

江原幸雄・北村英昭 (1986) 熊本県岳湯地熱地域に発生する地熱微動, 日本地熱学会誌, 8 巻 1 号, 37–58.

江原幸雄・盛田耕二 (1993) 火山からの熱エネルギーの抽出に関する研究——火山熱貯留層からの熱抽出量の推定 (九重火山・九重硫黄山の場合), 地熱, 30 巻 3 号, 220–234.

江原幸雄・西島 潤 (2004) 地熱資源の持続可能性に関する観測的立場からの検討——重力変動から見た持続可能性, 日本地熱学会誌, 26 巻 2 号, 181–193.

江原幸雄・湯原浩三・野田徹郎 (1981) 九重硫黄山からの放熱量・噴出水量・火山ガス放出量とそれらから推定される熱水系と火山ガスの起源, 火山, 26 巻, 35–56.

江原幸雄・尾藤晃彰・大井豊樹・笠井弘幸 (1990) 活動的な噴気地域下の微小地震活動——九重硫黄山の例, 日本地熱学会誌, 12 巻 3 号, 263–281.

江原幸雄,藤光康宏・山川修平・馬場秀文 (2001) 熱源の伝導的冷却に伴って発達する熱水系——葛根田地熱系の例,日本地熱学会誌,23 巻 1 号,11–23.

江原幸雄・安達正畝・村岡洋文・安川香澄・松永 烈・野田徹郎 (2008) 2050 年地熱エネルギービジョンにおける地エネルギーの貢献,日本地熱学会誌,30 巻 3 号,165–179.

Eichelberger, J. C. and Dunn, J. C. (1990) Magma energy: What is the potential?, *GRC Bulletin*, Vol. 19, No. 2, 53–56.

Elders, W. A. (1991) Geologic models of geothermal reservoirs, GRC Bulletin, Vol. 20, 194–203.

ブライアン・フェイガン (2009) 歴史を変えた気候変動,1–408,(東郷えりか訳),河出書房新社.

Fournier, R. O. (1977) Chemical geothermometers and mixing models for geothermal systems, *Geothermics*, Vol. 5, 41–50.

Fournier, R. O. and Potter, I. I. (1979) Mg correction to the Na-K-Ca chemical geothermometer, *Geochim. Acta*, Vol. 43, 1453–1550.

Fournier, R. O. and Truesdell, A. H. (1973) An empirical Na-K-Ca geothermometer for natural waters, *Geochim. Acta*, Vol. 37, 1255–1275.

Fowler, C. M. R. (2005) *The solid earth*, 1–605, Cambridge University Press.

藤井 光 (2007) 地中熱利用技術,143–156,健康建築学,技報堂出版.

藤本光一郎 (1994) マグマ周辺の壁岩/熱水相互作用——力学的・化学的相互作用のカップリング,地質学論集,第 43 号,109–119.

藤野恵子・山中寿朗・江原幸雄・藤光康宏 (2014) 鹿児島湾北部の海底熱流量,日本地熱学会誌,投稿中.

福岡晃一郎 (2007) 地中熱利用住宅用冷暖房システム設置の実例,156–181,健康建築学,技報堂出版.

福岡晃一郎・江原幸雄・黒田 高・酒見光太郎・竹下裕人・盛田耕二 (2011) 福岡市における地中熱利用冷暖房システムの開発事例,日本地熱学会誌,33 巻 1 号,29–40.

玄地 裕 (2001) ヒートアイランドの緩和方策——地域熱供給システム,地盤蓄熱,地下ヒートシンク,エネルギー・資源,22 巻 4 号,306–310.

Goguel, J. (1976) *Geothermics*, 1–194, McGraw-Hill Book Company.

後藤秀作・キム ヒュンチャン・内田洋平・大久保泰邦 (2006) 地下温度データを用いた地表面温度履歴の復元,地質ニュース,626 号,45–51.

Grant, M. A. and Bixley, P. F. (2011) *Geothermal Reservoir Engineering*, 1–378, Academic Press.

長谷川 昭・趙 大鵬・山本 明・堀内茂木 (1991) 地震波から見た東北日本の火山の深部構造と内陸地震の発信機構,火山第 2 集,36 巻,197–210.

林 正雄 (1982) 深部高温地熱貯留層探査のターゲット,日本地熱学会誌,4 巻 2 号,81–90.

林　正基 (2014) (c) トータルフロー発電システム（通称：湯けむり発電），878–879，地熱エネルギーハンドブック，オーム社．

Henley, R. W. and Ellis, A. J. (1983) Geothermal systems ancient and modern, *Earth Science Reviews*, Vol. 19, 1–50.

IPCC (2007) Fourth Assessment Report: Climate Change 2007.

石戸経士 (2002) 地熱貯留層工学，1–176，日本地熱調査会．

伊藤芳朗・斎藤輝夫・南雲政博 (1977) 岩石の種々の物理的状態における熱伝導率測定について，地熱，14 巻 2 号，83–96．

Jin, Xu, Ehara, S. and Xu, H. (1995) Preliminary report of heat flow in the GGT Profile Manzhouli to Suifenfe, *CCOP Technical Bull.*, Vol. 25, 79–88.

JOGMEC（石油天然ガス・金属鉱物資源機構）(2013) 技術開発資料，1–20．

鎌田浩毅 (1997) 宮原地域の地質，地域地質研究報告（1/50000 地質図幅），1–127，地質調査所．

上岡　慎・江原幸雄・後藤秀作 (2006) 福岡市におけるヒートアイランド現象の実証的研究，九大地熱・火山研究報告，15 号，30–37．

金原啓司 (1982) 変質帯調査，41–52，地熱開発総合ハンドブック（監修　湯原浩三），フジテクノシステム．

兼岡一郎・井田喜明 (1997) 火山とマグマ，1–240，東京大学出版会．

環境エネルギー政策研究所 (2008) 2050 年エネルギービジョン，「再生可能エネルギー展望会議」参考資料，1–12．

環境エネルギー政策研究所・REN21 (2013) 世界自然エネルギー未来白書 2013，1–78（日本語版翻訳：環境エネルギー政策研究所）．

火力原子力発電技術協会 (2006) 地熱発電必携，1–222．

川上研介 (1969) 熱伝導論，1–420，オーム社．

川本隆彦 (2013) 海と火山をつなぐマントルウェッジ流体，科学，83 巻 12 号，1366–1371．

気象庁 (2006) ヒートアイランド監視報告（平成 17 年夏季・関東地方），1–23．

小林哲夫 (2014) 九州を南北につらなるカルデラたち，科学，84 巻 1 号，84–93．

九州電力株式会社 (2011) 八丁原地熱発電所パンフレット（平成 23 年 10 月現在）．

Langseth, M. G. (1965) Technique of measuring heat flow through the ocean floor, in *Terrestrial heat flow*, edited by Lee, W., H. K., AGU, 58–77.

Lloyd, R. M. (1968) Oxygen isotope behaviour in the sulphate-water system, *J. Geophys. Res.*, 73: 6099–6110.

Lubimova, H. A. (1968) Thermal history of the earth with consideration of the variable thermal conductivity of its mantle, *Geophysical Journal*, Vol. 1, 115–134.

MacDonald, G. J. F. (1958) Calculations on the thermal history of the earth, *Jour.*

Geophysical Res., Vol. 64, 1967–2000.

前田典秀・江原幸雄・野田徹郎 (2012) 九重火山地域から放出される CO_2 量の評価, 九大地熱・火山研究報告, 第 20 号, 153–160.

前野 深 (2014) カルデラとは何か：喜界大噴火を例に, 科学, 84 巻 1 号, 58–63.

牧元静香 (2012) ナ・ア・プルア地熱発電所に納入した蒸気性状自動分析装置, 火力原子力発電, 63 巻 8 号, 8–14.

Matsuzawa, T., Umino, N., Hasegawa, A. and Takagi, A. (1986) Upper mantle velocity structure estimated from PS-converted wave beneath the Northeastern Japan Arc, *Geophys. J. Astro. Soc.*, Vol. 86, 767–787.

MIT (2006) An MIT-led interdisciplinary panel: "The future of geothermal energy — Impact of enhanced geothermal systems on the United States in the 21st century", MIT, Cambridge, USA, 1–358.

水谷滋樹 (2012) 秋の宮・山葵沢地熱地帯に於ける弾性波探査と物理検層の対比と地質学的解釈, 日本地熱学会誌, 34 巻 1 号, 21–35.

Mizutani, Y., Hayashi, S. and Sugiura, T. (1986) Chemical and istopic compositions of fumarolic gases from Kuju-iwoyama, *Kyushu, Japan, Geochemical J.*, **20**, 273–285.

Mogi, T. and Nakama, K. (1998) Three dimensional resistivity structure beneath Kuju Volcano, central Kyushu, Japan, *Jour. Volcanol. Geotherm. Res.*, Vol. 22, 99–111.

Momita, M., Tokita, H., Matsuda, K., Takagi, H., Soeda, Y., Tosha, T. and Koide, K. (2000) Deep geothermal structure and the hydrothermal system in the Otake-Hatchobaru geothermal field, *Japan, Proc. of 22nd New Zealand Geothermal Workshop*, 257–262.

文部科学省・経済産業省・気象庁・環境省仮訳 (2007) 気候変動に関する政府間パネル (IPCC) 第 4 次評価報告書統合報告書, 1–73.

Mongillo, M. A. and Clelland, L. (1984) Concise listing of information on the thermal areas and thermal springs of New Zealand, *DSIR Geothermal Report*, No. 9, 1–128.

盛田耕二 (1992) 坑井内同軸熱交換器方式の概念実証試験——ハワイにおける国際共同実験, 地熱, 29 巻 1 号, 52–69.

Morita, K., Matsubayashi, O. and Kusunoki, K. (1985) Down-hole coaxial heat exchanger using insulated inner pipe for maximum heat extraction, *GRC Transactions*, Vol. 9, Part I, 45–50.

盛田耕二・松林 修 (1986) 坑井内同軸熱交換器の性能に及ぼす主要設計諸元の影響——坑井内同軸熱交換器に関する研究（第 1 報）, 日本地熱学会誌, 8 巻 3 号, 301–322.

村岡洋文 (1992) マグマ周辺における熱伝導帯と初生熱水滞留帯の競合に関する一仮説, 日本地熱学会誌, 14 巻, 47–59.

Muraoka, H., Uchida, T., Sasada, S., Yagi, M., Akaku, K., Sasaki, K. and Tanaka, S. (1998) Deep geothermal resources survey program: igneous, metamorphic and hydrothermal processes in a well encountering 500°C at 3729m depth, Kakkonnda, Japan, *Geothermics*, Vol. 27, 507–534.

村岡洋文, 浅沼　宏, 伊藤久男 (2013) 延性帯地熱系把握と涵養系地熱系発電利用の展望, 地学雑誌, 122 巻 2 号, 343–362.

村岡洋文・内田利弘・野田徹郎 (2009) 日本の地熱発電所の CO_2 排出量と将来の方向, 日本地熱学会平成 21 年学術講演会講演要旨集, B02.

村岡洋文・佐々木宗建・柳澤教雄・大里和己 (2008) カリーナサイクルによる温泉発電の市場規模評価, 日本地熱学会平成 20 年度学術講演会講演要旨集, B15.

Nagao, T., Uyeda, S. and Matsubayashi, O. (1995) Overview of heat flow distribution in Asia based on the IHFC Compilation with special emphasis on south-east Asia, In: *Terrestrial heat flow and Geothermal energy in Asia*, 221–238, Editors, Guputa M. L. and Yamano, M. Oxford & IBH Publishing Co. PVT. LTD.

NEDO (2002) 地熱エネルギーの技術開発を担う, 1–30.

日本地熱学会 (2010) 地熱発電と温泉利用との共生を目指して（報告書), 1–62.

日本地熱学会 IGA 専門部会 (2008) 地熱エネルギー入門, 1–50.

日本地熱調査会 (1974) 地熱調査ハンドブック, 1–239.

日本地熱調査会 (2000) 新版わが国の地熱発電所設備要覧, 1–254.

西田泰典 (2013) 自然電位と地殻変動, 北海道大学地球物理学研究報告, 76 号, 15–86.

西日本新聞 (2004) ヒートアイランド市調査, 平成 16 年 5 月 9 日朝刊.

Noda, T. and Shimada, K. (1993) Water mixing calculation for evaluation of deep geothermal water, *Geothermics*, Vol. 22, No. 3, 165–180.

野田徹郎 (1982) 金線による気体水銀の捕捉とその地熱探査への応用, 日本地熱学会誌, 3 巻 3 号, 149–164.

野田徹郎 (1987) 地熱活動の指標としてのアニオンインデックス, 日本地熱学会誌, 9 巻 2 号, 133–141.

野田徹郎 (1993) 地熱系に関係する起源水の地球化学的分類とその意義, 地球化学, Vol. 26, 63–82.

野田徹郎・谷田幸次・内海　衛・高橋正明 (1993) N パッカー気体水銀測定装置による地表地熱探査, 日本地熱学会誌, 15 巻 3 号, 207–230.

大木靖衞 (1979) 8. 2 温泉, 岩波講座　地球科学 7, 火山, 231–244, 岩波書店.

大里和己 (2011) バイナリー発電（温泉発電システム), 328–340, 地熱発電の潮流と開発技術, サイエンス&テクノロジー.

大久保泰邦 (1984) 全国のキューリー点解析結果, 地質ニュース, No. 362, 12–17.

Rybach, L. and Mongillo, M. (2006) Geothermal sustainability —A review with

identified research needs—, *GRC Transactions*, Vol. 30, 1083–1090.
Rybach, L. and Mufller, M. J. P. (1981) *Geothermal systems*, 1–359, John Willey & Sons.
齋藤象二郎 (2011) 蒸気発電, 296–316, 地熱発電の潮流と開発技術, サイエンス&テクノロジー.
酒井　均・松久幸敬 (1996) 安定同位体地球化学, 1–403, 東京大学出版会.
Sclater, J. G. and Francheteau, J. (1970) The Implications of terrestrial heat flow observations on current tectonic and geochemical models of the crust and upper mantle of the earth, *Geophys. J. R. Astron. Soc.*, **20**, 509–542.
Sekioka, M. and Yuhara, K. (1974) Heat flux estimation in geothermal areas based on the heat balance of the ground surface, *Jour. Geophys. Res.*, Vol. 79, 2053–2058.
Setyawan, A., Ehara, S., Fujimitsu, Y., Nishijima, J., Saibi, H. and Aboud, E. (2009) The gravity anomaly of Ungaran Volcano, Indonesia: Analysis and interpretation, *Journal of the Geothermal Research Society of Japan*, Vol. 31, No. 2, 107–116.
茂野　博・松林　修・玉生志郎 (1980) 昭和55年度サンシャイン研究成果報告（地熱探査技術検証調査に関する研究）東北横断土壌ガス化学調査研究, 工業技術院地質調査所.
鹿園直建 (2009) 地球システム科学入門, 1–232, 東京大学出版会.
新エネルギー財団 (2007) 地熱エネルギー, 1–32.
Smith, R. I. (1979) Ash-flow magmatism, *Geol. Soc. Amer. Spec. Paper*, Vol. 180, 5–28.
Smith, M. C., Aamodt, R. L., Potter, R. M. and Brown, D. W. (1975) Man-made geothermal reservoirs, *Proc. UN Geothermal Sympo., SanFrancisco*, Vol. 3, 1781–1787.
須藤靖明 (1988) 阿蘇カルデラ地殻上部構造, 火山, 33巻3号, 130–134.
住　明正 (2007) さらに進む地球温暖化, 1–177, ウェッジ選書.
多田井　修・林　為人・谷川　亘・広瀬丈洋・坂口真澄 (2009) 掘削試料の非定常細線加熱法による熱伝導率の高精度化に向けた実験, JAMSTEC Rep. Res., Vol. 9, No. 2, 1–14.
田近英一 (2000) 全球凍結現象とはどのようなものか：理論研究は語る, 科学, 70巻, 395–407.
田篭功一・江原幸雄・長野洋士・大石公平 (1996) 八丁原地熱地帯における重力モニタリング結果からの地熱貯留層の挙動に関する一考察, 日本地熱学会誌, 18巻2号, 91–105.
田篭功一・齋藤博樹・鴇田洋行・松田鉱二 (2012) 地熱貯留層の開発・評価の実際と今後の課題について, 九大地熱・火山研究報告, 20号, 46–54.
玉生志郎 (1994) 地熱系モデリングから見たマグマ溜り——豊肥・仙岩・栗駒地熱地域を例にして, 地質学論集, 第43号, 141–155.

田中宏幸 (2009) 宇宙線で地球・火山を透視する,科学,79 巻 5 号,507–512.

巽 好幸 (1997) 沈み込み帯のマグマ学,1–186,東京大学出版会.

Terada, A., Kagiyama, T. and Oshima, H. (2008) Ice box calorimetry: A handy method for estimation of heat discharge rates through a steaming ground, *Earth Planets Space*, Vol. 60, 699–704.

地中熱利用促進協会 (2013) 地中熱紹介,http://geohpaj.org.

鴇田洋行 (2006) 連結型数値シミュレータを用いた地熱発電所の出力予測手法に関する研究,1–158,九州大学学位論文.

Truesdell, A. H. and Hulston, J. R. (1980) "Chapter 5. Isotopic evidence on environment of geothermal systems" in *Handbook of environmental isotope geochemistry*, edited by Frits, P. et al., 1–196. Elsevier.

内田利弘 (2011) 電気・電磁探査,185–197,地熱発電の潮流と開発技術,サイエンス&テクノロジー.

Udi, H., Fujimitsu, Y. and Ehara, S. (2007) Shallow ground temperature anomaly and thermal structure of Merapi Volcano, central Java, Indonesia, Journal of the Geothermal Research Society of Japan, Vol. 29, No. 1, 25–27.

上田誠也・水谷 仁 (1986) 岩波講座 地球科学 (1) 地球,1–330,岩波書店.

上滝尚史 (2011) 地熱井掘削技術の概要,231–251,地熱発電の潮流と開発技術,サイエンス&テクノロジー.

浦上晃一 (1974) 地温測定,7–19,地熱調査ハンドブック,日本地熱調査会.

White, D. E. (1969) Rapid heat-flow surveying of geothermal areas, utilizing individual snowfalls as calorimeters, *Jour. Geophys. Res.*, Vol. 74, 5191–5201.

White, D. E. (1970) Geochemistry applied to the discovery, evaluation, and exploration of geothermal energy resources, in *United Nations Symposium on the Development and Utilization of Geothermal Energy*, Pisa, 1970, Proceedings: Geothermics, 1. Pt. 2, Special Issue 2.

White, D. E., Muffler, L. J. P. and Truesdel, A. H. (1971) Vapor dominated hydrothermal systems compared with hotwater systems, *Economic Geology*, Vol. 66, 75–97.

Yagi, M., Muraoka, H., Doi, N. and Miyazaki, S. (1995) NEDO Deep-Seated Geothermal Resources Survey "Over-view", *Geothermal Resources Council Transactions*, Vol. 19, 377–382.

Yahara, T. and Tokita, H. (2010) Sustainability of the Hatchobaru geothermal field, *Japan, Geothermics*, Vol. 39, 382–390.

山田茂登 (2011) 地熱を利用した発電方式の分類とその採用指標,287–295,地熱発電の潮流と開発技術,サイエンス&テクノロジー.

矢野雄策・須田芳郎・玉生志郎 (1989) 日本の地熱調査における坑井データ その 1 コア

測定データ——物性，地質層序，年代，化学組成，地調報告，No. 271，1-832.

安田栄一 (1982) 掘削機，308-316，地熱開発総合ハンドブック（湯原浩三監修），フジテクノシステム．

横山　泉・荒牧重雄・中村一明 (1979) 岩波講座　地球科学 7　火山，1-294，岩波書店．

吉井敏尅 (1979) 日本の地殻構造，1-121，東京大学出版会．

吉川美由紀・須藤靖明・増田秀晴・吉川　慎・田口幸洋 (2005) 地震波速度構造から推定した大岳・八丁原地熱地域の深部地熱構造，日本地熱学会誌，27 巻 4 号，275-292.

湯原浩三 (1978) 黒部仙人谷高温岩体からの放熱量，高温岩体に関する基礎的研究（昭和 51・52 年度文部科学省研究費総合研究報告書），1-16.

湯原浩三・江原幸雄・海江田秀志・永田　進・北里　昭 (1983) 熊本県岳湯地熱地域の地下熱構造，日本地熱学会誌，5 巻 3 号，167-185.

湯原浩三・江原幸雄・秋林　智・野田徹郎 (1985) 後生掛地熱地域大湯沼の熱収支・水収支および化学成分，日本地熱学会誌，7 巻 2 号，131-158.

湯原浩三・江原幸雄・原　幸・藤光康宏 (1987) ヘリコプターより観測した九州の火山・地熱地域の放熱量，日本地熱学会誌，9 巻 4 号，307-355.

由佐悠紀・川村政和 (1978) 黒部仙人谷高温岩体に対する内部流体の効果，高温岩体に関する基礎的研究（昭和 51・52 年度文部省研究費総合研究報告書），99-113.

由佐悠紀 (1983) 地熱環境下における地下水流動の数値実験——ポテンシアル流と熱対流の競合，日本地熱学会誌，5 巻 1 号，23-38.

索 引

[あ行]

阿蘇火山　41, 71
圧縮水　124
圧力干渉試験　103
圧力遷移試験　103
アニオンインデックス　88
アルカリ比温度　86
安山岩質火山　34
安山岩水　62
安定同位体　59
アンモニア水　128
イエローストーン　38
　——地域　37
異常高圧層　67, 177, 178
異常高圧熱水資源　178
インジェクション試験　102
ウラン　25
上向き排気方式　127
ウンガラン火山　45
雲仙火山　33, 71
運動方程式　193
エネルギー安全保障　181
エネルギー自治　138, 163
エネルギー政策　197
エネルギー変換　153
エネルギー方程式　74, 193
エネルギー保存則　193
エネルギー問題　153, 158, 160, 163
エネルギー利用の高効率化　160, 180
延性　23, 37
　——帯　173, 176
オイルショック　159
オイルピーク論　159
応力腐食試験　176

大霧地熱地域　68
大岳地熱発電所　132
沖縄トラフ　28
オープンシー化　155
オープン方式　174
　——マグマ発電　174
温室効果ガス　156, 166
温泉　195
　——活動　88
　——水　53, 62
　——帯水層　171
　——バイナリー発電　128, 130
　——発電　128, 129, 179
　——放熱量　54, 57
　——問題　179
温度回復　18
温度検層　82
温度勾配　1, 22
温度センサー　18, 20
温度場　117
温度プロファイル　116, 118
温度分布　8, 9, 16

[か行]

外核　8, 9
海溝　35
ガイザーズ地熱地域　70
海底温度差計　19–21
海底カルデラ　28
海底堆積物　21
海底地殻熱流量　22, 27, 28
海底地形　27, 28
海底地熱活動　29
海洋底拡大説　8
海洋プレート　27, 36

索引

海嶺　33
ガウスの定理　137
ガウスの発散定理　186
カウンターフロー　71
化学分析　84
核　9
花崗岩　25, 50, 117, 148
　——マグマ　117
過去の地表面温度の復元　168
火砕流　31
火山　33, 35, 36
　——活動　22, 44, 45, 97, 177
　——活動史　31
　——岩の年代測定　80
　——地域　28
　——の熱　5
　——フロント　78
　——噴火　37
　——噴出物　38
ガス温度計　86
カスケード利用　139–141
ガス抽出器（エゼクター）　125
化石エネルギー　183
化石燃料　156, 179
　——資源　160
　——発電　156, 158, 179
活火山　13
葛根田　50
　——地域　50
　——地熱系　49
　——地熱地域　115, 117
活動度指数　90
火道内マグマ　98
過度的な電源　157
過熱化　70
カモジャン地熱地域　70
空井戸　99
カルセドニー　85
カルデラ構造　37
間隙水圧　111
間欠泉　195
還元井　102, 125, 134

還元ゾーン　134, 135
還元熱水　136, 142, 179
含水鉱物　36
岩石コア　82, 100
岩石（鉱物）の相転移　14
岩石–熱水反応　81
乾燥高温岩体　171
観測井　102
感度試験　107
間氷期　154
涵養系　63
カンラン岩　13, 14
気液2相　69, 110
気液分離　68
気温上昇　156, 165
起源水　62
気候変動　154, 155
基準温度　55, 194
基礎杭方式　144
基盤　32
　——岩　32
　——構造　97
逆断層　80
キャップロック（帽岩）　69, 133
吸収冷凍機　139
キュリー点温度　96
キュリー点深度　78
キュリー等温面分布　78
境界条件　11, 107, 117, 189, 191
凝縮水　61, 62
キラウエア火山　39
空気熱源エアコン　167
空隙率　65, 106
空中磁気探査法　78, 96
空中写真法　78
空中赤外映像法　78
空中探査　76
九重硫黄山　41, 51, 108–110, 112
　——地域　71
九重火山　29–31, 41, 51
　——岩類　133
玖珠火山岩類　133

索引　211

掘削　18
　——用パイプ（掘管）　100
屈折法　95
国の規制・制度改革　141
グラウンドトゥルース　77
クラフラ火山　71
クリストバル石　85
グリーン技術　151
クローズト方式　174
　——マグマ発電　175
グローバルテクトニクス　10
黒部高温岩体地域　64
経済産業省資源エネルギー庁　182
ケーシング　101
　——プログラム　101
ケリー　100
ケルビン　5
減圧沸騰（フラッシュ）　124
原子力発電　157, 179
玄武岩　34
　——質　33
コア　19
　——サンプラー　21
広域探査　76
高温火山ガス（HTVG）　62
高温乾燥岩体　66, 172
高温岩体（Hot Dry Rock）　66, 171
　——発電　66
高温噴気　61
高温湯沼　55, 195
交換平衡温度計　86, 87
降水　59
坑井試験　102
坑井調査　84
坑井内同軸熱交換器（DCHE）方式　175
坑井内物理検層　101
孔明管　101
高レベル放射性廃棄物　157
国立公園特別地域　76, 126
国立公園問題　179
誤差関数　6, 190
固体熱対流　8

固体熱伝導　189
固定価格買取制度（FIT）　129, 181
コンプレッサー　145

[さ行]

最終平衡温度　18, 19, 21
再循環系　63
最上部マントル　10, 27
再生可能エネルギー　156–158, 160, 161,
　　163, 178, 180, 198
最大暖房負荷　147
最大冷房負荷　147
桜島火山　43
サブストラクチャ　100
サーマルレスポンステスト　148
サンシャイン計画　159
散水効果　166
酸性熱水　81
酸性変質帯　81, 133
酸素シフト　60, 61
酸素水素同位体比　60, 62
シェールガス　67
磁気異常　78
磁気的手法　96
軸流排気方式　127
資源量評価　75, 107, 108
地震的手法　94
地震波　9, 31
　——形　39
　——速度　13–15
　——速度構造　37–41
地震波トモグラフィー　9
地震波の低速度層　13
システム COP　149
　——効果　148
沈み込み帯　62
自然エネルギー　178, 179, 181, 183
自然状態モデル　107
自然電位法　93
自然放熱量　52, 57, 58
自然流下方式　125
持続可能性　131

212　索引

持続可能な社会　158, 169
持続可能な地熱発電　131
持続可能な発電　131, 132
質量欠損　137
質量バランス　137
質量保存則　193
シミュレーション　118
湿り損失　124
充填温度　82, 83
重力異常　97
重力エネルギー　7
重力加速度　193
重力急傾斜部　37
重力計　98, 134
重力勾配　79, 98
重力探査　79
重力的手法　97, 99
重力の経時的変化　97
重力分離　7
重力変化　97, 134, 136, 137
重力モニタリング観測　134
受動的手法　94
循環プロセス　60
省エネルギー　160, 180
蒸気加熱型温泉　85
蒸気卓越型地熱系　69, 70
蒸気タービン　124
蒸気発電　123
　　──方式　124
小規模発電　162
小規模分散型電力システム　161
上昇流　47
状態方程式　194
蒸発潜熱　55
蒸発速度　55
上部マントル　14, 15
初期温度分布　31, 190
初期条件　11, 189
シリカ (SiO_2) 鉱物　85
シリカ温度計　85
シリカシンター　196
シングルフラッシュ発電　124

人工衛星　77
人工排熱　167
新生代　28
深層熱水　67, 178
深部地熱資源調査　115
深部調査井　116, 119
深部熱水系　84
水圧破砕　172, 173
水銀（蒸気）　89
水蒸気爆発　109, 112
水理学　75
水理的境界条件　116
水力発電　158
数値解法　74, 194
数値シミュレーション　46, 117, 118, 138, 150
数値モデリング　109
数値モデル　45, 51, 105, 109, 114, 115, 119, 121
スケール　126
　　──付着　129
筋湯温泉　134
ストレスドロップ　40
スネルの法則　9
スライム　19
静岩圧　178
生産井　100, 134
生産ゾーン　134, 135
静水圧　68, 124, 178
脆性–延性転移温度　95
脆性破壊　37
成層構造　7
正断層　80
西南日本火山帯　35
石英　85
赤外線　1, 77
石油代替エネルギー　159
接触変成帯型　49
　　──地熱系　49
接地気象　78
設備容量　131, 136
セパレータ（気水分離器）　54, 68, 124, 134

セメンチング　101
全球氷結　154
線状構造　77
潜熱　6
層構造　8
走時曲線　9
側方流動　72, 113

[た行]

第2次オイルショック　159
耐圧容器　20
第1次オイルショック　159
大気中のCO_2濃度　158
堆積盆地型地熱系　66, 67, 177
体膨張係数　193
太陽光発電　158, 182
太陽放射　18
第四紀火山　13
大陸棚　22
対流　1
タウポ火山　195
　——帯　58
岳湯地熱地域　57
脱原発　157
脱水　62
　——反応　36
タービン　68, 134
　——効率　124
ダブルフラッシュ発電　125
多目的利用　142
ダルシーの法則　73, 193
段階的開発による持続可能な発電　132
段階的地熱開発　108
炭化水素系媒体　128
短期噴出試験　103
端成分　62
断層　71, 97
　——運動　70
単相（液相のみ）　193
断層構造　99
炭素同位体比　89
断熱温度分布　15

暖房温度　147
断裂　77, 80
　——型地熱貯留層　69, 96
　——構造調査　80
地圧型地熱資源　67
地域振興　153, 161
地温勾配　3, 6, 11, 17–19, 52
地下温度分布　168
地化学温度　90
　——計　84, 85
地殻　25
　——活動　22
地殻熱流量　4, 5, 11, 12, 14, 17, 18, 22–26, 31, 35, 42, 51, 142
　——値　19, 22
地下構造モデル　111
地下熱交換器　147
地球温暖化　150, 156, 165, 169, 178, 197
　——現象　168
　——問題　153, 154, 163
地球化学　75
　——探査　88
　——的調査　84
地球環境　169, 183
　——問題　151
地球形成論　5
地球熱学　197
地球熱システム学　197
地球の熱　197
　——環境　197
　——史　5
地球の年齢　17
地球物理学　75
　——的調査　91
地磁気全磁力　96
地質温度計　15, 16
地質学　75
　——的探査法　80
地質構造調査　80
地質図　80
地質断面図　80
地中温度　143

214　索引

──の恒温性　144
地中熱　142
　──利用　123, 142, 144
　──利用冷暖房システム　144-146, 151, 167
地熱エネルギー　123, 126, 129, 153, 162, 163, 198
『地熱エネルギーハンドブック』　198
地熱–温泉系　84
地熱系　43, 63
地熱系概念モデル　105, 116, 133
地熱系数値モデル　105
地熱系発達　44, 51, 52
地熱系モデリング　75
地熱系モデル　115
地熱工学　5, 75, 197, 198
地熱資源開発のリスク　136
地熱資源量　179
地熱井　54, 101
地熱探査　75
　──法　75
地熱地域　52, 195
地熱徴候　45, 46, 50, 56, 195
地熱貯留層　68, 70, 82, 83, 110, 121, 124, 133, 136, 137, 173, 178
　──工学　74
　──内　67
　──モデル　75, 107, 138
地熱発電　44, 60, 68, 119, 123, 161, 178, 180, 181
　──所　141, 182
　──ドリームシナリオ　180
　──ベースシナリオ　180
地熱微動法　94, 95
地熱流体　84, 136
地熱流量係数　91
地表水　59, 62
　──起源　44, 60
地表調査　76
地表面温度　11, 143, 168, 189, 191
地方自治　163
注水試験　103

長期噴出試験　104, 136
調査井掘削　76
超臨界　66
　──状態　176
直接利用　123, 138, 139, 142, 162, 171, 179
貯留層圧力　136
地理情報システム (GIS)　76
ツールジョイント　100
鶴見火山　71
低温沸騰媒体　123
定格出力　121
定常1次元　12
定常状態　24, 142
泥水　101
低速度層　10, 13
低速度領域　40
低沸点媒体　128
テクトニクス　9, 32, 45, 46
データベース　76
電気エネルギー　153
天水　59, 60
　──起源　62, 63
　──深部循環型地熱系　67
伝導　1
　──加熱型　85
　──熱流量　4, 11, 30
　──放熱量　52, 57
伝導卓越型地熱系　64, 65
天然蒸気発電　123, 179
電力システムの垂直統合　161
同位体温度計　86, 87
同位体比測定　87
同位体分別　60
　──作用　59
同軸二重管方式　144, 145
透水係数（浸透率）　106, 193
動水勾配　46, 47, 112, 117
透水性　172, 173
東北日本火山帯　35
東北日本弧　40
特性定数　106
都市化　164, 169

都市の熱環境　165, 166
土壌ガス　90
トータルフロー発電　129
土地の蓄熱効果　166
トランスフォーム断層　34
トリウム　25
トリチウム　87
トリプルフラッシュ方式　125
ドリルカラー　101
トレーサー　103
　——試験　103
ドローダウン試験　103

[な行]

内核　9
夏場の電力ピークカット　151
難透水性　69
二重管方式　145
日変化　18
入浴利用　139
ニュートン冷却　65
熱映像調査　77
熱エネルギー　141, 153
熱回収　176
熱拡散率　4, 6, 185
熱源　42, 46, 63, 64, 82, 189
熱交換　172
　——器　129, 147
　——井　144, 145, 149
　——特性　147
　——媒体　145
　——率　177
　——量　147
熱構造　36
熱史　7
熱収支法　54, 91
熱針法（ニードルプローブ法）　21
熱水　28, 60, 62
熱水系　43, 44, 46, 57, 59, 63, 72, 114, 117
　——資源　177
　——発達　44, 47, 117
　——モデル　51, 109, 110, 114

熱水滲出型　85
熱水対流系　28-30, 43, 174
熱水卓越型地熱系　67
熱水の年齢測定　87
熱水変質　81
　——鉱物　77, 81
　——帯　45, 77
熱水流動系モデル　116
熱対流　8, 46, 193
熱抽出　66, 177
　——率　175
熱的あるいは水理的境界条件　107
熱伝導　1
熱伝導　11, 27, 49, 52, 115, 185, 186, 189
　——方程式　6, 11
　——棒法　52, 92
　——率　1, 3, 11, 12, 17, 19, 21, 52, 57, 58, 92, 185, 193
熱の測定法　52
熱の直接利用　139
熱媒体　144, 150
熱負荷　147
熱放出　17
熱輸送機構　8, 57
熱輸送方程式　5
熱力学的推論　16
粘性係数　193
年代決定　48
年代測定　81
年平均気温　191
年変化　18
能動井　103
能動的手法　94
濃度相関マトリクス解析法　85

[は行]

背圧型発電方式　128
排気方式　127
バイナリー発電　123, 128, 162, 178, 179
排熱量　167
白色変質帯　81

八丁原地熱地域　42, 68, 133
八丁原地熱発電所　30, 41, 119–121, 132, 133
発電効率　124, 128
発電コスト　95, 128
発電利用　123, 171
ハバート曲線　159, 160
ハワイ・マウナロア火山　154, 155
半減期　7
反射法　95, 100
反射率　166
半無限固体　189
比演算処理　77
比エンタルピー　53, 54, 140
控え目なモデル　107
東日本大震災　197
ピーク電力カット　168
微小地震活動　111
微小地震観測法　94
非晶質　85
ヒストリーマッチング　107, 119–121
非線形微分方程式　74, 194
ビット　101
ピット　103
比抵抗構造　99
比抵抗分布　92, 93
非定常状態　31
ヒートアイランド現象　150, 151, 164–169, 197
ヒートポンプ　143–145, 147–149
ピナツボ火山　176
比熱　3, 185
微分方程式　185
氷河期　154
標準平均海水　60
ビルドアップ試験　103
ファンコイル　147
　——ユニット　148
フィージビリティスタディ　173
フィッティングパラメータ　119
フィードポイント（生産箇所）　102
フィリピン海プレート　35
フォールオフ試験　102
不活性ガス　128
不凝縮ガス　124
福島第一原子力発電所　157
　——事故　197
輻射　1
復水器　124, 125
富士火山　43
物性試験　100
沸騰曲線　90
沸騰泉　195
物理探査　76
　——法　91
不透水性　70
部分溶融　10
フラッシュ　68, 124, 126
　——発電　123, 179
ブラードプロット　19
プレート　23, 26, 27
　——運動　33
　——テクトニクス　8, 33
　——の沈み込み　34, 35
ブロック分割　106
ブロックレイアウト　121
噴火　42
　——史　31
噴気温度　52
噴気凝縮水　81
噴気孔　54
噴気地　54
噴気地域　41, 51, 195
噴気放熱量　54, 55, 57, 65
噴気誘導　103
噴気流量　54
文献調査　76
分散型電力システム　162
噴出–還元試験　10, 103
ベース電源　181
変質鉱物　81
変質帯　47, 78, 80, 81, 196
　——調査　80, 81
ベンゼマン法　54

索引　217

ボアールテレビュアー　102
ボイラー・タービン (BT) 主任技術者　128
放射　1
放射性元素　82
放射性熱源　7, 12
放射性発熱層　24
放射性発熱量　4, 11, 23, 25, 185
放射熱　1
法的環境アセスメント　182
放熱量　52, 55, 57, 91, 112
豊肥火山岩類　133
飽和蒸気　134
北米プレート　35
ボックスプローブ法　21, 92
ホットスポット　27
ポテンシアル流　46
ポーフィリーカッパー型　49
　　——型地熱系　51
掘管　100
掘り屑　101
ボーリング　100
　　——坑　18, 19
ホワイト島火山　71

[ま行]

マグネタイト　78, 96
マグマ　12, 32, 36, 39, 41–43, 48, 51, 65, 66, 115, 173, 174, 178, 189
　　——からの熱エネルギーを抽出　177
　　——からの熱抽出　176
　　——起源水　70
　　——水　44, 59
　　——水起源　61
　　——性高温型地熱系　70, 71
　　——性成分　44
　　——性流体　43, 49, 51
　　——溜り　36, 37, 40–44
　　——の分化　37
　　——発電　181
摩擦熱　35
松川地熱地域　70
マントル　26

　　——内温度分布　16
　　——内熱対流　8
　　——熱流量　25
見かけ比抵抗値　93
水の起源　59, 64
密度　3
ミューオン　98
　　——ジオグラフィ　98, 99
メキシコ湾岸　67
メラピ火山　45
メルト（溶融物）　36
メルバブ火山　45
モデリング　138
モニタリング　97, 138, 150

[や行]

融解潜熱　117
有効熱伝導率　147, 148
融点　6
　　——温度　15
湯けむり発電　130
ユムタ高原　45
ユーラシアプレート　35
溶解平衡温度計　86, 87
溶岩湖　174
溶融　13

[ら・わ行]

ライフサイクル　157
　　——CO_2　150, 151
裸坑　101
ラドンガス　89
ラルデレロ地熱地域　70
力学エネルギー　153
リニアメント　77, 78
リモートセンシング　77
流出系　63
流体包有物　82, 83
　　——充填温度　82, 83
　　——充填温度測定　80
流体流動　112
流電電位法　93

流入系　63
緑色変質帯　81
冷却塔　124
冷房温度　147
レーダー映像法　78
連続方程式　193
ロータリー掘削機　100
ロータリー掘削工法　100
ロータリーテーブル　100

ワイヤライン掘削工法　100
ワイラケイ地熱地域　68
若尊カルデラ　28

[欧文]

BT 技術者　128
CO_2　89, 154, 155
　——濃度検知管　89
　——濃度の経年変化　154
　——排出量　157, 158

EGS　178
　——(Enhanced Geothermal System) 発電　66, 171–173, 181
FIT　182
IPCC レポート　155, 156
JOGMEC（石油天然ガス・金属鉱物資源機構）　173
MT 法（地磁気地電流法）　93, 100
PTS（圧力，温度，流量）検層　103
SAR (Synthetic Aperture Radar) 合成開口レーダー (Aperture Radar)　78
SiO_2 含有量　33
U 字管方式　144, 145

1 m 深地温度測定　92
2050 年自然エネルギービジョン　179
2050 年地熱エネルギービジョン　161, 179
3 次元数値シミュレータ　105
3 次元多相モデル　112

著者紹介
江原幸雄（えはら・さちお）
九州大学名誉教授，地熱情報研究所代表
北海道大学助手，九州大学助手，助教授などを経て，1990年に九州大学大学院教授，2012年より現職．
著書：『地熱エネルギーハンドブック』（共著，オーム社，2014），『地熱エネルギー』（オーム社，2012）など
受賞歴：1991年日本地熱学会賞論文賞，1996年中国地質鉱産部成果賞，2013年日本地熱学会賞功績賞

野田徹郎（のだ・てつろう）
（独）産業技術総合研究所名誉リサーチャー，地熱情報研究所事務局長
九州大学温泉治療学研究所助手，地質調査所勤務などを経て，2001年に産業技術総合研究所地圏資源環境研究部門長．2012年より現職．
著書：『地熱地化学講座』（産業技術総合研究所，2003），『現代電力技術便覧』（共著，オーム社，2007）
受賞歴：1989年日本地熱学会賞論文賞，1994年日本地熱調査会海外紹介論文賞，2008年日本地熱学会功績賞，2011年日本温泉科学会功労賞，2012年温泉関係功労者環境大臣表彰

地熱工学入門

2014年8月20日　初　版

[検印廃止]

著　者　　江原幸雄・野田徹郎
発行所　　一般財団法人 東京大学出版会
　　　　　代表者　渡辺　浩
　　　　　153-0041 東京都目黒区駒場 4-5-29
　　　　　電話 03-6407-1069　　Fax 03-6407-1991
　　　　　振替 00160-6-59964
印刷所　　三美印刷株式会社
製本所　　誠製本株式会社

©2014 Sachio Ehara and Tetsuro Noda
ISBN 978-4-13-062838-9　　Printed in Japan

[JCOPY] 〈（社）出版者著作権管理機構　委託出版物〉
本書の無断複写は著作権法上での例外を除き禁じられています．複写される場合は，そのつど事前に，（社）出版者著作権管理機構（電話 03-3513-6969，FAX03-3513-6979，info@jcopy.or.jp）の許諾を得てください．

坂本雄三
建築熱環境

　　　　　　　　　　　　　A5 判/176 頁/2,800 円

齋藤孝基 他
新版　エネルギー変換

　　　　　　　　　　　　　A5 判/248 頁/3,600 円

庄司正弘
伝熱工学

　　　　　　　　　　　　　A5 判/280 頁/3,200 円

小宮山宏 他編
サステイナビリティ学 3
資源利用と循環型社会

　　　　　　　　　　　　　A5 判/192 頁/2,400 円

小屋口剛博
火山現象のモデリング

　　　　　　　　　　　　　A5 判/660 頁/8,600 円

井田喜明・谷口宏充 編
火山爆発に迫る

　　　　　　　　　　　　　A5 判/240 頁/4,500 円

ここに表示された価格は本体価格です．ご購入の際には消費税が加算されますのでご了承ください．